机床数控化改造理论、方法及应用

黄筱调　丁文政　洪荣晶　著

U0284456

科学出版社

北　京

内 容 简 介

本书阐述了机床数控化改造的概况;介绍了数控化改造相关的理论基础和方法;总结了机床数控化改造的方案设计方法,并通过具体的案例进行详细的说明;提出了改造机床的几何精度设计模型,并进行数字仿真验证;研究了改造机床的机电动态性能的分析方法,分别给出机械导轨副、滚珠丝杠副、伺服驱动对动态性能影响的数学模型,并应用模糊控制算法改善机床的动态特性;建立了改造机床的可靠性模型,并提出可行的改造机床的评价方法;最后结合作者的科研成果详细介绍了三个典型的机床数控化改造案例。

本书可供从事机械制造相关领域研究的工程技术人员、科研工作者以及高等院校机械制造及其自动化相关专业的高年级本科生和研究生参考使用。

图书在版编目(CIP)数据

机床数控化改造理论、方法及应用/黄筱调,丁文政,洪荣晶著. —北京:科学出版社,2012.10
 ISBN 978-7-03-035698-7

Ⅰ.①机⋯ Ⅱ.①黄⋯ ②丁⋯ ③洪⋯ Ⅲ.①数控机床 Ⅳ.①TG659

中国版本图书馆 CIP 数据核字(2012)第 234804 号

责任编辑:陈　婕／责任校对:包志虹
责任印制:徐晓晨／封面设计:陈　敬

科　学　出　版　社 出版
北京东黄城根北街 16 号
邮政编码:100717
http://www.sciencep.com

北京科印技术咨询服务公司 印刷
科学出版社发行　各地新华书店经销
*
2012 年 10 月第　一　版　开本:B5(720×1000)
2016 年 8 月第二次印刷　印张:13 1/4
字数:260 000
定价:118.00 元
(如有印装质量问题,我社负责调换)

前　言

　　数控机床作为具有高科技含量的"工作母机",是实现制造技术和制造业现代化的重要基础装备,其性能、质量和拥有量是衡量一个国家工业现代化水平、综合国力的重要标志。统计资料显示,目前我国机床拥有量达 700 万台,但机床数控化率不高,与世界发达国家相比有一定差距。改变现状的途径之一是对现有机床进行数控化改造,这样既能较快地提升机床技术性能,满足我国工业发展的需要,又能实现资源的循环利用,符合国家发展循环经济的战略目标。在美国,机床数控化改造已经成为新的经济增长点,一些大型制造企业都实施了"购置新机床"和"改造旧机床"并重的发展策略。

　　机床数控化改造不像新机床的设计制造是一个从无到有的连续过程,原有机床的存在使得在通过数控化改造提高加工精度和加工效率的过程中障碍重重,导致了机床数控化改造的复杂性。例如,原机床部件拥有大量的精度参数,从理论上讲,几乎每一个精度参数都会不同程度地影响改造机床的加工精度,如何在改造中调整和改善这些精度参数,关键在于"影响程度",需要通过研究找到影响最大的敏感参数。再例如,新增的控制系统和原有机械部件是否匹配会影响改造机床的动态特性,原有部件的改动必须要谨慎,因为任一部件的变化都可能引起其他部件的连锁改变,所以必须要考虑到原有部件的一些结构约束,研究采用新的方法实现机电系统的匹配优化。此外,数控化改造后机床复合功能密集,结构更加精密,而且新旧部件混合,加工工况多变,使得改造机床的可靠性问题变得突出,但是改造机床样本较少,缺乏足够的可靠性数据,因此如何对小样本的改造机床进行可靠性评价值得研究探索。总之,探索问题较多,不一一而论。

　　本书是以作者多年来从事机床数控化改造的研究成果为基础,结合近百台不同类型的机床改造的工程实践经验撰写而成。书中的研究内容曾分别以论文的形式发表在 *Journal of Southeast University(English Edition)*、*Transactions of Nanjing University of Aeronautics & Astronautics*、《机械工程学报》、《中国机械工程》、《机械科学与技术》等重要学术期刊和一些国际学术会议论文集上。书中的主要研究内容得到了国家自然科学基金(51175242)、"高档数控机床与基础制造装备"科技重大专项(2010ZX04011-032)、科技部中小企业创新基金(10C26213211097)、江苏省自然科学基金(BK2008374)以及南京工业大学专著出版基金等项目的资助。本书的完成也得到了南京工业大学陈捷教授,南京工大数控科技有限公司方成刚总工程师,以及多年来从事该方面工作的研究生汪世益、王大双、施丽婷、邹辉、浦秋林、缪小梅等的大力帮助，他们的劳动和成果都凝聚在本书中；同时，江苏省工业装备数字制造及控制技术重点实验室和先进数控技术江苏省高校重点实验室也对本书的基础实验研究给予了支持，在此一并表示感谢！

本书紧紧围绕机床数控化改造的理论、方法和应用这一研究主题，从五个方面分若干层次进行了较为深入的系统论述。这五个方面是：①机床数控化改造的方案设计；②改造机床的几何精度设计；③改造机床机电动态性能分析；④改造机床的可靠性分析与增长；⑤机床数控化改造技术的应用。全书共 7 章：第 1 章主要介绍了本书有关研究内容的意义以及机床数控化改造的历史和现状，分析了提高改造机床性能的技术途径；第 2 章介绍了机床数控化改造中涉及的相关理论基础；第 3 章总结了机床数控化改造的方案设计方法，从改造前的可行性评估到总体方案设计，再到机械、电气、液压各子系统的设计都进行了详细的阐述；第 4 章在对精度影响因素进行分类的基础上，提出了改造机床的几何精度设计模型，并进行了数字仿真研究；第 5 章研究了改造机床的机电动态性能分析方法，分别给出了机械导轨副、滚珠丝杠副、伺服驱动的影响数学模型，揭示了改造机床机电动态性能的主要影响因素及其影响规律和影响程度，并研究应用模糊控制算法改善机床的动态特性；第 6 章在对实验获得的研究样机可靠性数据进行整理分析的基础上，建立了改造机床的可靠性模型，并提出了可行的评价方法；第 7 章结合作者的工程实践，介绍了三个典型的数控化改造案例，涵盖了单纯的数控化改造、机床功能改变的数控化改造和大重型机床的高端数控化改造三个层次。

机床数控化改造及再制造技术是一个十分复杂的系统工程问题，在国内外都属于方兴未艾的热点课题。作者希望本书的出版能够在该领域起到抛砖引玉的作用。

由于作者的学识有限，书中不足之处在所难免，欢迎读者批评指正。

作　者

2012 年 6 月

目　　录

第1章 绪 论

1.1 机床数控化改造的历史与现状

由于机床技术的不断进步与旧机床存量的不断增加,机床改造成为一个"永恒"的课题。在国外,随着数控技术的成熟,机床数控化改造更发展成为一个新的行业。早在 1990 年的芝加哥国际制造技术展览会上,包括辛辛那提在内的著名机床厂商就展出了多台数控改造机床。进入 21 世纪,机床改造正式成为美国新的经济增长点,被称为机床再生(remanufacturing)业。一些大型制造企业实施了"购置新机床"和"改造旧机床"并重的发展策略,并出现了 200 多家专业从事数控改造的公司,像莫里机器公司(Morey Machine Inc.)主要改造大型机床,德通机床公司(Dayton Machine Tools Co.)主要从事多功能机床的改造,德宝服务集团(Devlieg-Bullard Service Group)主要进行组合机床的改造。

在德国,联邦教育与研究部 1997 年耗资 500 万马克,资助不莱梅大学研究"面向技术工人的机床数控化改造——开发技术资源与人力资源的新思路",以帮助企业与高校、研究机构合作,实现设备性能的跨越提升,促进东部地区经济的快速发展;并从 1995 年开始相继召开了"机床数控化改造的经济性分析"、"适用于机床数控化改造的数控方案"和"机床数控化改造的评价和成果应用"等交流研讨会。西门子等大公司也成立了像"工厂自动化公司"等机构专门从事机床数控化改造业务。欧洲最大的机床制造企业——德国的德马吉(DMG)集团公司也将机床改造作为其重点发展的业务之一。在政府的大力支持下,德国 1998 年的二手机床销售额就达到了 25 亿马克。

日本的机床改造业也呈现一派兴旺景象。据不完全统计,在日本,数控化改造机床的市场份额占到整个机床市场的 10%,主要改造的对象还是金属切削机床。像大隈工程技术公司重点改造龙门式加工中心和各类车床,不仅更新数控系统,还增加各种先进辅助装置;SHIGIYA 精机制作所主要从事磨床改造,一般改造对象是服役了 15 年左右的机床;浜田工机专业从事齿轮机床的改造,主要机种是滚齿机、插齿机和齿轮磨床。

我国 2000 年的统计数据显示,国内机床总量为 500 余万台,其中数控机床仅为 14 万台,机床的数控化率很低,大部分企业的机床数控化率为 2%~4%,即使在机床生产企业,其机床设备的数控化率与世界先进国家相比也还有很大差距。

在这些存量机床中,役龄 10 年以上的占到 60%;役龄 10 年以下的机床中,自动、半自动机床不到 20%,FMC/FMS 等自动生产线更屈指可数,而美国和日本的自动、半自动机床都占到 60% 以上,因此国内存量机床的数控化改造是一个潜力巨大的市场。1990 年国内成立了中国机电装备维修与改造技术协会,负责组织企业进行设备数控化改造,也涌现出了一批优秀的数控装备维修与改造企业,如国内著名的机床生产厂家沈阳机床集团、大连机床集团、重庆机床集团都有从事机床维护和改造的部门或子公司,另外还有像北京蓝拓机电设备有限公司、上海电气自动化设计研究所有限公司、中国科学院沈阳计算技术研究所、武汉华中数控股份有限公司以及南京工大数控科技有限公司等也从事机床的数控化改造。他们采用多种先进技术,成功地改造了相当数量的旧机床及自动生产线,利用高新技术盘活企业资产存量,新增产值数亿元。例如,武汉华中数控股份有限公司已先后完成了数百台设备的数控化改造;南京工业大学从事机床数控化改造业务也有十多年,先后进行了 1.6m、2.5m 和 5m 立式车床的数控化改造,2.5m 立式车床改立式磨床的数控化改造,重型滚齿机改铣齿机数控化改造,美国落地镗铣床的数控化改造,以及日本大型龙门镗铣床数控化改造等近 100 项。但总体而言,国内的数控化改造还处于单兵作战阶段,没有形成产业化的优势。

1.2　机床数控化改造的技术经济优势

数控化改造的低成本和高性能给企业的发展带来了巨大的好处,在技术经济方面体现出以下显著优势:

1) 易于提高机床性能

数控化改造是站在最新、最匹配的数控系统基础上完成的,因此很容易提高机床的性能。例如,使机床对加工对象的适应性增强;加工精度提高,加工质量稳定;生产效率提高;自动化程度提高,劳动强度降低;能实现复杂零件的加工;有利于现代化生产管理等。就加工复杂程度和加工精度而言,加工同一批工件,工件的复杂程度和精度要求越高,数控机床的性能就越得以彰显。另外,对于改造机床,所利用的床身、立柱等基础部件都是庞大笨重的铸造构件,由于服役时间长,自然时效充分,故与新机床的相比其力学性能稳定可靠。

2) 可有效降低成本

与购置新数控机床相比,数控化改造的机床一般可以节省 60%～80% 的费用。改造费用低,特别是对于大型或特殊专用机床尤其明显。一般大型机床改造的费用只是新机床购置费用的 1/3,而且交付周期短,通常 3～6 个月就能完成。即使有特殊要求,如要加装高速主轴、刀具自动交换装置、托盘自动交换装置等先进辅助功能部件,与新购置机床相比,投资费用也能节省 50% 左右。

数控化改造后的机床的电能使用效率提高,节能环保;加工效率提高,可减少设备数量和所需的厂房面积,间接也减少了设备的维修保养费用。同时,数控机床的使用对机床操作人员的要求也降低,可一人操作多台机床,这也适当减少了生产所需的人力资源成本。更重要的是,数控加工提高了产品质量的稳定性,减少了产品的次品率,节省了生产成本。

3) 方便操作和维护

与购买新机床相比较,由于事先不能全面了解新机床的结构性能,因此很难预测是否能完全适合加工要求;而旧机床数控化改造则不同,由于旧设备已使用多年,机床操作人员和维修人员对其性能和结构了解透彻,故对机床的加工能力也能较准确地估算。机床数控化改造时,还可结合操作人员和维修人员共同进行,这样既便于合理选择更换原机床设备中的元器件,又能提高企业自身人员对数控机床维护的技术力量,并且也大大缩短了对数控机床在操作和维护方面的培训时间。机床一旦改造完毕,很快就可投入正常的全负荷运转,无需适应和磨合期。

4) 满足客户个性化需求

从某种意义上讲,机床数控化改造更像是非标机床或专用机床的设计制造,通常是客户为了某系列零件的加工而提出机床改造的要求。因此在改造方案的设计时,不是简单以数控化为目标,而是针对客户产品的具体需求,以提供整体解决方案和成套技术为中心。具体而言,就是考虑到客户产品的各个环节,包括加工工艺、产品质量控制、协助客户进行系统和加工程序的二次开发、操作培训等方面,能最大限度地满足客户的个性化需求。

5) 有利于提高可靠性

由于机床数控化改造尽量摒弃原有的机械部件,大量使用电子元器件,而电子元器件生产的高度标准化、集成化以及大批量化,不仅有利于进行高可靠性设计和采用高可靠性工艺措施,而且有利于进行生产管理、质量控制、设备的自诊断以及人工的维护、维修,降低设备的平均故障时间。

6) 便于信息化集成

现代化的数控系统本身具备强大的联网功能,可以方便地接入 Internet 网络,实现远程控制、远程管理、远程诊断支持和制造资源共享等先进数控功能,为实现敏捷制造、云制造奠定基础。此外,通过数控系统的现场总线接口,可以方便地与其他智能设备(如伺服驱动器、开关量执行装置、智能传感器等)进行高速联网通信,有利于将机床加工过程的控制水平提高到更高。

1.3 机床数控化改造的技术内容

机床数控化改造所具有的显著技术经济优势,使众多科研单位和生产厂商投入了大量的人力、物力,进行机床数控化改造的研究和应用。2010 年的国家科技支撑计划还专门资助了"机床再制造成套技术及产业化"项目,从此机床数控化改造引起了全社会的重视。当前的机床数控化改造主要在以下几个技术层面上进行:

1) 基于表面工程技术的机械性能提升

采用纳米表面技术、复合表面技术和其他表面工程技术修复与强化机床导轨、溜板、尾座等磨损、划伤表面,并提高其尺寸、形状和位置精度。对机床的润滑系统及动配合部位采用纳米润滑添加剂和纳米润滑脂、纳米固体润滑干膜等技术,以进一步提高机床的机械运行性能,增加其耐磨性能。采用修复、强化、更新、调整等方法恢复或提高机械精度,如通过修配提高导轨的导向精度,通过更换液压装置提高静压平衡精度,通过增加自动换刀装置提高刀具定位精度,采用检修齿轮箱的方法提高主轴回转精度等。

2) 基于数控技术的运动精度提升

在原设备上安装数控装置以及相应的伺服电动机和驱动装置,以替代原有的电气控制系统,可整体提升机床的运动控制精度,实现加工装备的自动化操作和高精度运动。通过滑动导轨副贴塑或采用滚动导轨副,可减少摩擦阻力、提高运动响应速度。通过改用滚珠丝杠副,可提高传动精度和传动效率,并利用数控装置的补偿功能,补偿丝杠螺距误差和反向间隙误差,进一步提升运动精度。通过角度检测装置或直接位移检测装置与数控装置构成的半闭环或全闭环控制系统,可获得更高的运动控制精度。

3) 数控化改造的综合评价技术

机床数控化改造方案的确定经过了"设计—评价—再设计"的过程,而常规评价通常是以车间技术人员和现场操作人员的接受或满意为指标,其结果带有主观性和不确定性,常因评价立足点的不同得出不同的结论。针对自然语言描述的模糊性,有学者应用模糊数学建立了机床数控化改造的模糊综合评价方法,对改造系统的性能指标、经济指标、资源指标和环保指标四个一级子目标进行评价。其中,性能指标包括加工效率、加工精度、功能提升三个方面;经济指标包括投入成本和产生效益两个方面;资源指标包括材料消耗和能源消耗两个方面;环保指标包括废液污染、固体废弃物污染和噪声污染三个方面。该方法根据各个方面的重要程度,由专家给出权重集,构成多目标多级模糊评价模型,从而对机床数控化改造进行综合评价,为改造方案的确定提供辅助决策。

4) 关键零部件剩余精度寿命评估技术

可行性和可行度是机床数控化改造首要面临的问题,而其中不易拆卸的零部件和产品附加值高的关键零部件是否可以在改造后继续使用,并能足够维持下一个生命周期,是机床数控化改造的重要技术问题。机床零部件精度失效的主要形式有磨损、腐蚀和变形,其中又以磨损对机床精度保持性的影响最大,但磨损在机床运行过程中很难直观或直接进行检测,因此研究关键零部件在实际工况条件下由磨损引起的剩余寿命对我国机床改造产业的发展具有重要的意义。已有研究利用有限元方法建立零件在工况条件下的动态磨损模型,预测零件的最大精度寿命,再减去已知磨损的当前当量寿命,即可得到零件的剩余精度寿命,从而决定关键零部件是继续使用还是修复或重新更换。

5)改造机床检验与可靠性分析

机床数控化改造后,同样需要进行一系列的检验才能交付使用。但由于数控设备的单位时间产值大,从经济性的角度看,工作的可靠性很重要。因此机床改造完成后的检验,除了常规的交付验收项目,像机床的空运转试验、机床的负荷试验、机床的几何精度检验和机床的加工精度检验等;还需要对机床的工作可靠性进行一个科学的评估,并根据评估结果进行分析,采取改进措施,促使改造机床可靠性的增长。目前,常用的可靠性评价方法都是基于小样本的统计方法,像基于灰色系统理论的数控机床可靠性预测、基于贝叶斯算法的可靠性增长模型,以及数据挖掘技术在数控机床可靠性模型中的应用。

1.4 机床数控化改造与装备制造业的发展

2006年2月公布的《国务院关于加快振兴装备制造业的若干意见》把发展数控机床及其功能部件作为振兴装备制造业重大突破的16个关键领域之一,对我国机床行业的发展具有重要意义。《国务院关于加快培育和发展战略性新兴产业的决定》的发布,使高端装备制造业概念成为领衔"十二五"规划的关键字眼。"十二五"期间,发展高端装备制造业的总体思路是面向我国工业转型升级和战略性新兴产业发展的迫切需求,重点发展智能制造、绿色制造和服务型制造。2008年6~7月国家发展和改革委员会对航空、船舶、汽车、电力等企业的专项调研也表明,高档数控机床是当前制约这类企业发展的"瓶颈",目前这些企业在用的部分机床是役龄10年以上的旧机床,精度差、自动化程度低,急需更新换代。

但数控机床作为装备制造业的工作母机,西方发达国家一直把高性能数控机床作为战略物资对我国严加控制。尽管在"十一五"期间,我国机床工业飞速发展,但从行业产值来看,2005年我国机床工具行业的工业总产值只有1300亿元。五年的时间里,这一数据在稳步攀升:2006年突破2000亿元,2007年达到2600亿元,2008年超过3000亿元,在连续8年保持世界第一消费大国后,2009年我国首次成为世界第一机床生产大国,产值达4014.2亿元。但数控机床的产量仍赶不上消费的增加,尤其是一些大型、重型专用数控机床仍然无法满足国内市场需求。

考虑到国内企业现有机床的机械部件自然时效长、性能稳定，而且大型部件的铸造、加工需要消耗大量的物资和能源，直接淘汰是对资源的严重浪费，因此利用先进技术对现有机床进行数控化改造意义重大，既能循环利用资源，符合当前发展低碳经济的要求；又能综合提升现有机床的性能，满足企业发展需要。

面对装备制造业数控化发展的潮流，准确把握其发展趋势，对于促进我国在数控机床领域实现跨越式发展，增强我国数控机床的市场竞争能力具有重要意义。通过对装备制造业发展的研究和应用现状进行分析，可以看到，机床的数控化改造也必须朝着以下几个趋势方向发展：

1) 与 IT 融合，走高效率发展道路

当今的装备制造业正朝着网络化、高柔性、可重构、多功能的方向发展，机床数控化改造也必须跟上这一发展步伐。实现这一发展，就必须与 IT 紧密融合，借助 IT 领域的众多新技术和软件，如高性能的 CPU、无线传感、分布式数据库等，应用在数控化改造中，提高切削速度，如主轴转速和进给速度；减少非加工时间，如换刀时间、检测时间，从而提高机床的加工效率，节省人工。

2) 考虑资源和安全因素，走环保发展道路

机床数控化改造本身走的就是环保道路，但在改造的具体技术上，仍要仔细考虑资源和安全因素。如采用干式切削或微量冷却液的切削方法，减少冷却液的使用；如改造后动配合面之间的润滑，应采取高效回收措施，减少润滑液的换剂量；像电动机容量的选择，驱动能力不是越大越好，对于大容量的伺服驱动，将导致电流的控制精度降低，而且驱动能力冗余太多，将不利于感知过载，不利于机械装备本身的安全，另外，电动机容量过大，也将带来电力能源的浪费，而且在节约能源的同时也减少了机床的热源；再如关键零部件的修复与更换问题，充分科学地进行零部件的剩余精度寿命评估，在保证可靠性的前提下，尽量将原部件进行修复再利用。

3) 走复合多功能的发展道路

复合和多功能是减少非加工时间的有效途径，其核心是在一台机床上完成车、铣、钻、镗、攻丝、铰孔和扩孔等多种操作工序。当然受原机床机械结构的限制，通过数控化改造制造复合机床还有难度，但是在改造时仍应向这一方向靠拢，尽可能实现多功能。如车床改造的发展主要趋势是多功能机床，目前的多功能的车床实际上就是一台具有车削功能的加工中心。在磨削机床的改造方面，目前的技术重点是开发基于 PC 的磨削控制系统，一台磨床能进行内圆、外圆和台阶轴磨削，并通过给机床以不同的循环来加快加工过程，既磨得快又能保证尺寸精度和表面粗糙度。

4) 充分利用数控系统的智能化

机床数控化改造后，充分利用数控系统的智能化，不仅有助于减轻操作者的体

力和脑力劳动强度,更重要的是可以提高数控加工的质量和效率。因此,智能化是数控化改造和装备制造业的重要发展方向,目前主要体现在以下几个方面:①智能编程;②自适应控制;③加工过程监控;④故障自诊断;⑤信息输入和操作模式智能化;⑥实现无纸化的数控加工。

5) 模块化和可重构性

模块化设计是在功能分析的基础上,划分并设计出一系列具有不同用途、可互换的功能模块和一些专用独立部件,然后通过模块的选择和组合来组装成不同性能和规格的机床。这种方法在数控化改造中也得到了应用,英国就有设备改造公司针对普通车床,设计了模块化的组件,并实现了快速的车床数控化改造。同时模块化的改造也方便了设备下一个生命周期的再利用,满足设备可重构性的要求。

6) 提供零件制造的完整解决方案

提供零件制造的完整解决方案,既是用户的迫切要求,也是机床数控化改造的一大特色。例如,南京工大数控科技有限公司针对回转支承的制造,进行了一系列的机床数控化改造,提供了完整的解决方案,包括数控钻床、数控立式车床、数控铣齿机床、数控磨床,还有加工工艺和软件等。又如,瑞士阿奇夏米尔公司提供的模具制造完整解决方案包括:铣削、电加工、激光加工选择,机床操作支持(易损件、电极、金属丝等提供)、设备支持(备件、技术支持和干预性服务等)、自动化支持(工具、夹具和托盘交换系统及软件)等。其他世界大型工具制造商也提供成套加工工具的完整解决方案。总之,不同的企业有不同的解决方案内涵,其目的都是为用户提供满意的个性化服务。

1.5 提高数控化改造机床性能的技术途径

机床数控化改造的技术经济优势正有力推动着装备制造业的进步,促进我国由"制造大国"向"制造强国"发展。抓好这一机遇,探索可行的发展途径,对于实现我国机床工业的跨越式发展具有重要意义。为此作者提出以下提高数控化改造机床性能的建议,供读者斟酌和讨论。

1. 以大型、重型机床为突破,开发数控化改造的高端市场

大型、重型机床一般都是企业生产线上的关键设备,吨位大、价值高、轴数多、液压系统复杂,有的还涉及双驱同步控制等技术,数控化改造比较困难。但是一旦成功改造,设备的附加值高,产生的效益明显优于中小型机床的改造,而且通过大型、重型机床的数控化改造可以发现问题、积累经验、锻炼人才,为数控化改造的产业化奠定基础,并且对于高端数控机床的开发也有促进作用。

2. 以先进数控技术提升加工效率

数控化改造重在"数控"二字,但并不意味着有了数控系统的机床加工效率就一定高。合理的切削参数、正确的加工工艺、优化的走刀路径都会影响机床的加工效率,因此在数控化改造过程中要充分挖掘先进数控技术的潜能,结合数控系统,开发二次应用软件,利用多种手段提升加工效率。另外,像对刀时间、停车检测时间也大大影响了加工效率的提升,因此在改造过程中相应的刀具仪、检测系统等辅助装置也要尽可能地加装,才能全面提升加工效率。最重要的是工厂信息化的全面提升,国外已经大规模地应用制造执行系统,机床的使用效率可以高达70%,而目前国内机床的使用效率普遍只有30%,所以数控化改造不能单独针对一台机床,而要与管理系统相连,否则数控化改造机床就会成为一个信息孤岛,数控的价值不能得到充分挖掘。

3. 提高支承刚度改善机床动态精度

刚度问题的实质是受力变形问题,因此可以把刚度问题理解为动态的(惯性负载、重力负载、切削负载)精度问题。支撑刚度是机床精密控制的支持基础,机床制造一般都关注从床体本身的机械设计、材料选择及制造工艺等方面来提高机床的支撑刚度。但对机床的数控化改造,提高支承刚度要从新的角度入手,如机床地基的支撑刚度、修配的结合面之间的接触刚度,以及机床在动态激励下的动态刚度。通过计算分析可对刚性不足部分予以加强,另外数控技术也可以在一定程度上对刚度不足给予补偿。总之,支撑刚度问题属于机床精度的基础保证,要给予足够重视。

4. 注重导轨修复确保运动导向精度

原机床机械精度的恢复很重要的一项就是床身导轨的修复,单个坐标轴上导轨的导向误差会影响机床直线坐标的"横平竖直"和旋转坐标的"真圆",坐标轴间导向垂直度误差以及旋转轴线的位置及姿态误差会影响加工零件的形状精度。尽管目前有学者在研究通过误差测量和误差分离对导向精度进行适当的数控补偿,但实际工程中能够做到的还只是单坐标的分离,多坐标耦合情况还是非常困难的,因此对于导向精度,更多的仍然是通过修配工艺和装配工艺来保证。当然,温度变化也会影响机床的导向精度,这在机床数控化改造中主要是结合整机的各热源冷却控制,来最大限度地减少温度对导向精度的影响。因此,导向精度最主要还是由修配工艺和装配工艺来保证。

5. 采用主动抑振技术提高加工精度

振动问题一直是困扰加工精度的重要因素,机床数控化改造要想在机械结构上改变固有频率来抑制振动比较困难,目前常用的方法是利用数控系统在驱动层面感知振动的发生。例如,通过对伺服驱动的电流的快速傅里叶变换可以发现振动,在明确振动频率后,可以通过改变运动速度或主轴转速,来规避床身的固有频率,实现主动抑制振动。如果机械结构允许,改造时在驱动环节的配置上,尽量让驱动力作用于运动物体的重心,最大限度地避免因旋转力矩带来的阻尼不对称引起的振动,这也是主动抑振的有效方法之一。

第 2 章　机床数控化改造的理论基础

本章将简要介绍一些在机床数控化改造分析和设计中需要用到的基础理论和方法,特别是在机床精度设计、机床机电动态性能分析和机床运行可靠性等方面的应用方法。这些方法在现代机床设计领域内已经有了一定的应用,但面对数控化改造机床这个特殊对象,需要对这些方法进行新的应用研究,并进行相应的合理修正。必须认识到对已有理论和方法的创新应用是机床数控化改造最大的基础,因此任何与机床相关的理论和方法都可能是机床数控化改造的基础,本章不可能全面地进行叙述。对于改造实践中遇到的各种实际问题,还必须根据它们各自的特点,发展和应用相应的理论方法。

2.1　精度设计的理论与方法

精度设计的理论与方法在机床数控化改造中有着很重要的应用,是改造机床精度保证的应用科学。在机床数控化改造的质量评价指标体系中,精度是核心指标,而提高改造机床的精度和稳定性,必须从改造方案的设计、改造部件的制造抓起;在设计中进行精度分析,确定各零部件的设计精度,并根据机床结构进行精度的分配和合成,确保改造机床整体精度符合零件加工要求。在改造零部件制造阶段,要根据设计要求,以精度理论为指导,通过分析,尽可能减少各类误差的影响,使制造精度达到设计要求。所以说,精度设计理论和方法是改造机床质量得到保证的基础。

随着技术的发展,精度设计理论和方法也已经从几何参数精度(静态精度)为主向物理参数精度(动态精度)为主的方向发展。动态精度的研究主要从物理模型、数学模型入手,求出特征参数的数值解和分散性。研究中所涉及的数理基础较为广泛:从微分方程到复杂的数理方程,阶次从一次到高次,参数从独立到相关,特性从线性到非线性。

关于动态精度的研究目前尚处在发展阶段,一些基本问题还有待进一步加强。例如,有待更深入地建立动态精度的特征参数和指标体系;通过测试和研究进一步揭示动态特性的变化规律,为动态精度研究提供实验基础相关依据。另外,实际物理系统往往都具有非线性,现在对非线性系统一般还是采用高阶线性方程来描述,这本身是一种近似描述。如果非线性科学有所突破,那么它将为系统的动态特性及精度研究提供更切合实际的理论依据。此外,应用计算机仿真技术研究系统的动态特性,对构成物理系统动态结构参数的变动量对输出量的影响以及工作状态下其他因素的影响进行仿真,从而可以形象地看到或定量地得到各种因素的影响程度,为动态精度设计提供依据。

2.1.1　精度的基本概念

在数控机床研究领域,精度的概念主要是指静态精度,包括机床的几何精度、机床的定位精度和机床的切削精度。数控机床的几何精度反映了机床的关键机械零部件(如床身、溜板、立柱、主轴箱等)的几何形状误差及其装配后的几何形位误差,包括工作台面的平面度、各坐标方向上移动的相互垂直度、工作台面 X 和 Y 坐标方向上移动的平行度、主轴孔的径向圆跳动、主轴轴向的窜动、主轴箱沿 Z 坐标轴心线方向移动时的主轴线平行度、主轴在 Z 轴坐标方向移动的直线度和主轴回转轴心线对工作台面的垂直度等。数控机床的定位精度,是指所测机床运动部件在数控系统控制下运动时所能达到的位置精度。该精度与机床的几何精度一样,会对机床切削精度产生重要影响,如孔系加工时会影响到孔距误差。所有这些精度值的大小,目前通常使用不确定度指标来表示。

1. 不确定度的基本概念

不确定度是指由于测量误差的存在,对被测量值不能肯定的程度,反过来,也表明该结果的可信赖程度,可以作为测量结果质量的指标。不确定度越小,所述结果与被测量的真值越接近,质量越高,水平越高,其使用价值越高;不确定度越大,测量结果的质量越低,水平越低,其使用价值也越低。不确定度给设计、制造和测量结果一个科学的、全面的描述,是一个便于操作的质量指标。

2. 静态精度基本概念

静态精度是指机床在空载下所呈现的精度。机床精度标准中所规定的几何精度均为静态精度。数控机床的几何精度反映机床的关键机械零部件(如床身、溜板、立柱、主轴箱等)的几何形状误差及其组装后的几何形状误差,包括工作台面的平面度,各坐标方向上移动的相互垂直度,工作台面 X、Y 坐标方向上移动的平行度,主轴孔的径向圆跳动,主轴轴向的窜动,主轴箱沿 Z 坐标轴心线方向移动时的主轴线平行度,主轴在 Z 轴坐标方向移动的直线度以及主轴回转轴心线对工作台面的垂直度等。

3. 动态精度基本概念

与静态精度相比,动态精度理论和方法的应用还不够完善,尤其是在动态精度评定方面,至今仍未有明确的评定方法,仍处于"以静代动"的状况。近年来,随着科学技术的迅速发展,静态测量技术已不适应现代测量的要求,因而动态测量技术越来越受到人们的重视,已逐步成为现代测量技术的主流。

动态测量主要具有四个显著的特征,即时变性、随机性、相关性和动态性,这四个特征决定了动态精度理论与静态精度理论具有本质的区别,不能用静态的计算方法来分析和处理动态测量数据。目前这一方法还在研究和开发中,因此在机床数控化改造中的应用还很少。

2.1.2　精度设计

1. 改造方案与精度设计的关系

精度设计不是孤立单一的,是与机床改造总体方案相辅相成的,是与机床要求精度的高低、经济性的优劣等密切相关的综合问题。在改造设计方案的选择过程中,原机床结构的复杂程度对精度设计的影响也很大。尤其是对于高精度和复杂结构的机床,在精度设计中按零部件经济精度计算出的机床的整体结构精度往往远低于设计指标精度,因此现代高精度数控机床一般都是采用闭环控制技术和误差补偿技术来实现高精度。但在普通精度的机床数控化改造中,精度设计的直接作用仍然非常重要,精度设计时要考虑零部件的通用性和互换性,尽可能采用标准化设计、标准化部件,这样可以更方便地采用现有的工艺手段,这也是保证改造机床性能、精度和价格比最优的基本条件。精度设计最终的目的是为了对各组成零部件进行精度分配。精度分配总的指导原则是在保证机床整机精度指标的前提下,使机床改造总的经济费用最低、结构工艺最佳,也就是使改造机床的性价比最优。

2. 精度分配的基本方法

精度分配指根据数控机床结构的总体精度要求,确定其各组成零部件的尺寸精度,即在已知总精度的条件下,确定各零部件的精度参数,而且精度参数至少有两个以上。在求解精度分配问题过程中,通常还有若干约束条件,不同的约束条件形成了不同的精度分配方法。同时,精度分配与工艺设备、制造条件、加工方法、装配手段等多种制约因素有关,因而精度分配问题具有特殊的不定性和多样性。

目前,在机床改造中,很多仍然是在沿用以往的经验或类比法以及其他一些传统方法,主要有以下几种:

(1) 类比法。该方法主要是参照相同或类似的机床的零部件尺寸精度进行比较,根据经验确定所设计的改造机床各零件的尺寸精度,然后进行精度合成,当总体精度不符合要求时再进行修正并重复计算,直到满足要求为止。这种方法用于结构简单的机床时比较有效,但具有较大的盲目性,人为因素影响大,限制了精度设计水平的提高,是一种初级的精度分配方法。

　　(2) 等公差法。该方法按机床中各零部件所有尺寸公差都相等来平均分配总的精度指标。这种方法计算简便,易于应用,特别是在基本尺寸差别较小的情况下有一定的效果;但是它建立在不考虑原始尺寸任何差异的基础上,忽略了零件材料、尺寸大小、加工难易等实际因素,因而合理性较差。一般按等公差法进行精度分配后还需要进行调配。

　　(3) 等影响法。该方法的前提是假设机床各组成部分的尺寸误差对机床整体精度的影响是相等的,然后按误差传递系数的大小来分配精度参数。与等公差法相比,这种方法合理性有所提高,计算也简便,因而在实际精度设计中应用较多。

　　(4) 等精度法。该方法将机床各组成部分的所有的尺寸规定为同一等级的公差。由于等精度法实际上是考虑了原始尺寸的大小对加工精度的影响,即允许大尺寸的误差大一些,小尺寸的误差小一些,因而具有一定合理性。

　　(5) 成比例影响法。该方法是将等影响法与等精度法两者结合起来,由于该方法同时考虑了误差传递系数和尺寸大小对精度分配的影响,因而相比较而言,这种分配方法比前述的方法都更为合理。

　　但总体而言,以上方法都存在一定的盲目性和不合理因素,造成效率很低甚至浪费,因而,本书在第 4 章中针对机床数控化改造探索了一种新的精度设计方法。

2.2　机电动态性能分析的理论与方法

2.2.1　动态特性概念

　　改造机床要能很好地满足被加工零件的质量要求,它的机电系统必须具有良好的动态性能。因此对于改造数控机床也必须进行必要的动态分析与动态设计,使其能满足数控加工的动态特性的要求。对于数控机床,它的动态是指机床从一种稳定状态变化到另一种稳定状态之间的变化过程。这种变化过程在数控机床的运行中非常普遍,因为整个机床的运动轴一直处于频繁的加减速状态,实际上真正稳定的匀速运动时间很短,所以说动态对机床的性能影响很大。

　　数控化改造机床的动态性能主要包括机电系统的稳定性、机电系统的瞬态响应和机电系统的稳态响应三个方面。研究机电系统动态特性的首要问题就是要确定系统的稳定性。系统的稳定性可以用常用的系统传递函数的特征方程根的性质来决定。而瞬态响应特性一般是选用几种比较典型的波形,如阶跃、斜坡、脉冲等作为输入来对机床机电系统进行瞬态响应分析。稳态响应特性一般是用振幅稳定不变的简谐形式输入进行激励来分析响应特性。

　　动态性能评价指标较为复杂,一般可分为时域和频域两大类。时域性能指标通常以系统对单位阶跃输入的瞬态响应形式给出,对于数控机床而言,阶跃信号就是位置输入信号。对于数控机床机电系统来说,阶跃输入是要求最严格的工作状态,如果系统在阶跃输入作用下,其动态特性能够满足加工要求,那么,在其他形式的输入作用下,其动态特性也能满足要求。阶跃响应的时域性能指标主要有上升时间、峰值时间、过渡过程时间和超调量等。频域性能指标主要有幅值频率误差、相位频率误差、截止频率和通频带、谐振频率和固有频率等,通常用于机床振动的动态分析。

2.2.2　动态特性分析方法

改造机床的机电系统动态模型是描述机床在运动过程中受电、热、机械力等多场综合作用下的模型,通常都是用微分方程组以及初值条件来描述,从而进行动力学建模,并进行动态特性分析,这是一个由物理模型到数学模型的过程。由微分方程组描述的动态数学模型的求解一般都是运用数值计算法借助计算机进行求解,这是从数学模型到数学方程求解的过程。最后再通过与实际测量所得到的动态性能进行比较,验证数学模型的可信度与精确度,这是从数学回到物理的过程。利用前面三步得到的数学模型和分析方法,就是数控机床机电系统动态建模分析的一般方法。

目前常用的机电系统动态建模分析的方法可以划分为经典和现代两大类。其中,经典方法主要针对线性时不变系统或稳态过程在时域、频域、拉普拉斯域和 Z 域中进行分析,最常用的有时域和频域的统计分析方法和参数建模分析方法。但是,由于经典方法的研究对象主要限于线性时不变系统和稳态过程,因此它的应用存在一定的局限性。现在又出现了以时频联合域分析方法为代表的现代系统分析方法,这种方法所关注的研究对象主要是瞬态过程和时变系统,其中有代表性的方法有短时傅里叶变换、小波分析等,时频分析的最大好处是能清晰地描述一个过程在任意时刻的频率结构。另外,有限元建模分析方法也是数控机床机电系统动态特性分析的重要方法,在本书的相关研究中就采用了这种方法。

2.3　可靠性的理论基础

2.3.1　可靠性的概念

可靠性的理论和方法最初是应用在电子设备的研究上面,对于数控机床机电系统的可靠性研究尚处于初始阶段,绝大多数的机床设计仍然按传统的单一确定值计算,并沿用强度安全系数的概念。但面对数控机床这样的机电一体化产品,对可靠性要求越来越高,常规的安全系数设计方法已经不能满足要求,转而采用可靠性设计方法,这主要是因为:

（1）大量实验证明，机床机械结构设计中所遇到的设计变量如强度、寿命、载荷和尺寸等几乎都是随机变量，都遵从一定的概率分布。以轴承来说，在结构、尺寸、材料、热处理和加工方法完全相同的条件下，最低寿命与最高寿命相差几十倍。同样，在相同条件下，齿轮寿命也呈现很大的离散性。由于传统安全系数设计方法没有考虑设计变量的离散性，故而不能准确反映真实的失效概率。表 2.1 列出了由于标准差的影响，安全系数与可靠性的差异。

表 2.1　标准差影响的安全系数与可靠性的差异

序号	强度平均值 σ_s/MPa	应力平均值 σ/MPa	强度标准差 S_{σ_s}/MPa	应力标准差 S_σ/MPa	安全系数 n	可靠性 R
1	300	200	100	80	1.5	0.7823
2	300	200	20	20	1.5	0.9998
3	300	100	100	80	3	0.9046
4	300	100	20	20	3	≈1

　　由表 2.1 可以看出，安全系数大，可靠性未必高。在相同安全系数下，可靠性差别很大。如果选用标准差较大的材料，就有较多机会选用强度处于低限的材料，使系统的可靠性大为降低。

（2）工程上根据不同要求可以选取不同的安全系数，这一点与可靠性相同。但可靠性的含义要广泛得多，可以根据重要性、经济性以及设备更新要求确定合适的可靠性并对可靠性进行分配，以取得最佳经济效果。图 2.1 表示了可靠性与费用的关系。生产费用随可靠性的增大而增加，而使用维修费用却随之降低。通过选择，可以选出最佳可靠性，这是安全系数法不容易做到的。

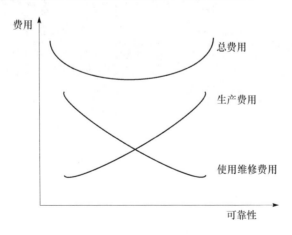

图 2.1　可靠性与费用的关系

数控化改造机床的可靠性可以定义为：机床在规定的条件下和规定的时间内，

无故障正常运行的能力。目前对于数控机床通常采用平均无故障运行时间来衡量,即 MTBF(mean time between failure)。可靠性的指标除了 MTBF 之外,还有可靠度、失效概率密度、累积失效概率密度和失效率等多种表示方法。可靠性理论的数学基础主要是概率论与数理统计,这在相关数学教材中都有详细介绍,这里不再赘述。

2.3.2　改造机床的一般可靠性模型

在可靠性问题中,各零件独立失效的系统称为独立失效系统。在这样的系统中,各零件失效是相互独立的随机事件。传统的可靠性模型都是在各零件独立失效的假设下建立的。但现在研究者已经认识到,工程实际中的大多数系统都不是独立失效系统,可以肯定改造的数控机床机电系统不是一个独立失效系统,因为它本身是一个机电耦合、交互影响的复杂系统。所以用传统的系统可靠性模型来估计数控机床的可靠性会出现较大的误差,甚至导致错误的结果。要准确建立复杂机电系统的可靠性模型,目前还很困难,只能在现有可靠性模型的基础上进行探索和改进,下面简要介绍几种在数控机床可靠性评估时会用到的可靠性模型。

1) 串联系统可靠性模型

串联系统是指这样的系统:系统中的任何一个单元失效都会导致系统失效,或者说只有当全部单元都正常工作时系统才能正常工作。例如,数控化改造车床的主传动由变频器、电动机、高低档齿轮箱、主轴等零部件组成,只要其中一个零部件失效,数控机床主传动就不能正常工作。在这样的意义上,数控机床的主传动系统就是一个串联系统。而高低档齿轮箱本身又是由齿轮、轴、轴承、箱体等组成的串联系统。如一个齿轮,由于其结构上存在多个可能失效的部位,在可靠性分析中也应该作为串联系统对待。甚至齿轮上的一个齿,由于存在齿面胶合、磨损、齿根断裂等多种失效模式,在可靠性意义上也应该是一个串联系统。串联系统的可靠性框图如图 2.2 所示,组成系统的 n 个单元(零部件或子系统)分别用 X_i 表示($i=1$, $2,\cdots,n,n$ 为系统所包含的单元个数)。

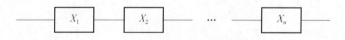

图 2.2　串联系统可靠性框图

2) 并联系统可靠性模型

并联系统指的是如果系统中的 n 个单元中有一个不失效,系统就不失效,或只有当全部 n 个单元都失效时系统才失效的系统。例如,数控机床中的主轴系统的双传动链传动、进给系统中的双电动机驱动等,都属于并联系统,只要有一条传动链正常工作,系统就能完成其预定功能。并联系统的可靠性框图如图 2.3 所示,组

成系统的 n 个单元(零部件或子系统)分别用 X_i 表示($i=1,2,\cdots,n,n$ 为系统所包含的单元个数)。

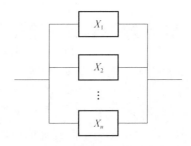

图 2.3　并联系统可靠性框图

3) 串-并联系统可靠性模型

图 2.4 所示为并联子系统构成的串联结构,简称串-并联系统可靠性模型。这在数控机床的可靠性评估中也会碰到。例如,在第 6 章中研究的由滚齿机改造的数控铣齿机床主轴系统就是一个串-并联系统,变频器、主电动机、主轴箱构成串联系统,但主轴箱本身采用了双传动链冗余设计,又是一个并联系统,整体上就构成了串-并联系统。

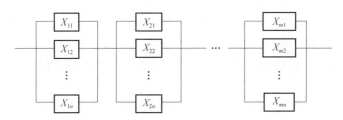

图 2.4　串-并联系统可靠性框图

4) 并-串联系统可靠性模型

并-串联系统可靠性模型如图 2.5 所示。它在数控机床可靠性评估中的典型代表是双电动机驱动进给系统。每一个进给系统的控制单元、伺服放大器、伺服电动机都组成一路串联系统,两个串联系统整体上又组成一个并联系统。

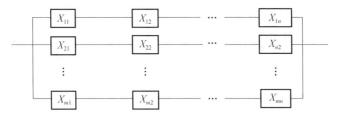

图 2.5　并-串系统可靠性框图

第3章 机床数控化改造的方案设计

机床数控化改造的目的是为了更快更好地加工零件,不同的产品所需要的机床功能要求和运动形式也不一样,因此机床的改造方案也不相同。在确定机床改造方案时,要综合考虑多方面的因素:一方面要从机床的加工原理即各部件的相对运动关系出发,结合工件的形状、尺寸和质量因素来确定各主要部件之间的联动关系和配置;另一方面要考虑现有机床的限制,如空间结构、整体刚性、局部安装细节等。多数机床的改造方案都是基于原有的机床布局,但也会随着产品要求有所改进,因此即使是同一型号机床改造,其改造方案也可能是多种多样的,要归纳普遍适用的机床数控化改造方案设计规律是较困难的。本章阐述一些改造的共性问题,作为机床数控化改造方案设计的参考。

3.1 机床改造前的可行性评估

对一台机床进行数控化改造,改造后的功能确定,希望达到什么样的性能指标,原有部件如何利用,需要投入多少资金,改造项目中有多少风险因素,这些都是事前可行性评估时的重要内容,总的来说要从技术和经济两方面进行可行性评估。

首先,确定改造机床的加工功能。根据加工功能才能确定改造内容,例如,同一台立式车床,根据加工功能不同,可以有单纯的车床数控化改造、车床改成磨床和车磨一体的机床改造。改造后机床加工功能的实现主要依靠数控系统,但是也需要机械功能部件、液压系统的相应匹配,脱离机械、液压改造的"纯数控改造"是不实际的,而且机械部件、液压系统改造的不到位还会影响机床功能的实现。

其次,对改造机床提出希望改造后能达到的精度指标值。一般会将改造指标和同类型新机床检验指标联系起来,但也必须考虑它的基础是一台旧机床,是有先天限制的,要求提得太高则投入的费用必然会大大增加,甚至会超过新机床的费用。因此精度指标要结合机床本身的结构条件和机械修复情况,从机、电、液整体上考虑改造后的指标值,如果单纯从数控系统方面设想改造后的性能指标,改造机床的精度可能难以达到预期指标。

紧接着要对现有机床的剩余使用价值作出评估,决定哪些部件保留、哪些需要改进或者更换。例如,一台加工中心需要进行数控化改造,原有的机电部件主要有:①数控系统;②伺服驱动系统(包括电动机);③机床电气元件(包括电控柜和连接电缆);④机械本体(床身、立柱、导轨和丝杠等);⑤刀库机械手系统等。针对每一个子系统,根据实际情况,都要作出相应剩余使用价值评估。像数控系统如果是非常陈旧的系统,现在不可能再找到备件去重新整修它,而且原有处理器的计算能力也不能满足当前加工的要求,那么它的剩余价值就是零。伺服驱动系统根据电子元件的老化情况,如果继续留用,应考虑整修后还有 50% 以上剩余价值,但是考虑到与新更换数控系统的匹配及追求更好的伺服特性,即使旧的伺服驱动没有完全损坏,或预计继续使用寿命不会太长,也可考虑彻底更换,这样伺服驱动系统的剩余价值也就决定了。机械部件的剩余价值通常比较高,像底座、工作台、床身、立柱等都是铸件。工程实践表明,一台高质量机床的机械大件磨损是有限的;而且这些基础件自然时效长,内应力的消除使得这些机械部件的稳定性较好,改造时完全可以重复利用这些基础件。通常对一台设备来说,机械部分有 80% 以上的剩余价值,电气部分只有 20% 左右的剩余价值。

然后,对投入资金进行评估。投入资金多少与改造目标制定的高低密切相关。投入的改造费用主要由下列项目构成:①数控系统及相关伺服驱动系统;②机床电气及附件更换;③机床机械部件精度修复和维修保养;④机床辅助系统(如液压系统、冷却系统等)维修保养;⑤机床外观质量的修复;⑥机床改造后的调试检测;⑦机床改造所需的技术劳务费。在受改造费用限制时,通常要去修改改造目标,降低一些次要要求以减少投入费用。

经过以上几步的工作,技术和经济两方面的评估基本都已完成,但还必须进行进一步的风险评估。尤其是对一些仍然在使用的机床进行改造,在设计改造方案时,不可能对机床进行现场拆卸检测,因此通常得不到机床现状的精确检测数据,改造方案的制订主要依靠经验,具有一定的风险。

最后,结合前面评估的所有内容进行性能价格的综合评估。为了在经济上有定量分析的依据,通常选一台现在市场上性能相似的机床作为标准进行比较。在比较时要注意:剩余价值过低的设备是不值得花大力气改造的;剩余价值偏低、投入价值太高的改造方案也是不可取的。因此,旧机床数控化改造常选的对象是剩余价值较高的旧数控机床,这些机床的机械结构和功能与新的数控系统容易实现匹配,改造效果较好;其次是普通大型、重型机床,这些设备原价值都较高,甚至到目前为止还往往都是企业的关键设备,值得花大力气对它们进行改造。对一些原价值不高的机床,觉得马上报废又可惜,还想改造后再利用一段时间,在确定改造性能指标时应慎重,要从实用的角度出发,提出投入不要太大的指标,数控部分尽量采用廉价的低端系统,改造工作量压缩在一定范围内,用减少投入来争取实用的经济效果。

3.2　机床改造总体方案设计

　　机床数控化改造是一项技术性很强的工作,必须根据加工对象的要求和机床的实际情况,首先制订切实可行的技术改造总体方案,然后进行总体方案分解,确定各部分的具体方案,改造总体方案的设计一般按照如下步骤进行:

　　1) 对加工对象进行工艺分析

　　被加工工件既是机床数控化改造的依据,又是机床改造后的加工对象。不同形状、不同技术要求的工件,其加工方法不同,对机床的要求也不相同。例如,对于圆柱形状的零件,可用车削、外圆磨等方法加工;对于平面,一般用铣削、平面磨等方法加工;对精度、表面粗糙度要求一般的外圆柱表面,常用车削加工;对精度和表面粗糙度要求高的表面,则要在外圆磨床上加工。再例如,回转支承的滚道加工,就要用立式车床加工;而滚道最后形状的修整,则要用立式磨床加工,还可以采用以车代磨的工艺。对立车数控改造时,要考虑以车代磨工艺对改造机床的精度要求。在工艺分析的基础上,计算切削力及切削功率,从而计算出进给系统和主轴所需要的功率和力矩等。

　　2) 全面了解被改造机床的现状

　　改造机床和设计新机床是不同的,新机床设计是根据任务要求,从零开始对机床的整机进行设计,然后将机床的各组成零、部件逐一地制造,最后装配;而机床改造则是围绕某一现存机床进行工作,不仅要考虑机床本身结构的改造,还要考虑工艺系统中的刀具、夹具及其他辅具的改进,以满足生产的需要。在制订机床改造方案时,可先根据制订的工艺方案,初步选定被改造机床的类型,然后对被选定的机床进行认真分析,了解被改造机床的技术规格、技术状况以及各部件联系尺寸等,分析机床强度和刚度、被改造机床能否适应改造要求以及经济性等。主要应了解分析以下方面:

　　(1) 了解原机床的技术参数。

　　原机床的技术规格是合理选用被改造机床的主要依据,也是制订机床改造方案时必须知道的原始数据。机床改造时,常常将被改造机床的一些零、部件拆掉,然后在某个(或某些)位置上增添一些新的机构或辅具,这样就必须知道机床的联系尺寸,以便确定新机构或辅具与机床的相关尺寸和连接方式,所以机床联系尺寸是机床改造一定要掌握的原始数据。

　　(2) 了解被改造机床当前的缺陷。

　　了解机床当前的主要缺陷,以便确定在改造时哪些零、部件要更新,哪些部位、结构应当改进等。机床零件严重磨损或出现功能故障等明显的缺陷是很容易被观察出来的。但是,大多数缺陷是通过加工的零件精度达不到要求或存在某种瑕疵表现出来的。例如,在卧式车床上车外圆产生锥度、端面精车后产生中凸和平面度超差、精车的外圆表面上有混乱的波纹等;在铣床上加工的工件可能出现表面粗糙度不好、尺寸精度差、不垂直、表面不平行等,通过对这些现象的分析,进而寻求在改造中采取的技术措施。

(3) 对机床进行强度和刚度分析。

因机床改造后用途的变化,应当重视被改造机床的强度和刚度问题,例如,立车改立磨,要求的精度比较高;车改铣,铣加工是间断切削,切削力比较大,故而对传动件的强度和刚度要求高。一般来说,机床受力最大的一些零件,特别是传动机构中零件的尺寸(如轴、齿轮),往往是根据计算数据确定的。但是,在计算时许多计算条件是假设的,不足以反映零件工作时发生的各种现象,所以应该更充分地估计实际载荷,或采用更完善的计算方法,或者与同样功能数控机床的相同零件进行类比。

另外,机床的刚度对加工的精度影响很大,也就是说机床允许的变形是有限的,而且产生变形的应力经常小于由强度所决定的许用应力,所以说机床的刚度问题往往要比强度更值得重视。因此,被改造机床应有足够的刚度,才能使数控化改造后的机床在加工中能够保证要求的加工精度和工作性能。

为保证机床改造后有足够的刚度,应从两方面着手:既要考虑各组成部件的刚度,又要考虑到整机刚度。但是由于机床改造的特殊性,它是围绕已有的机床开展改造工作,因此更多的应注意各组成零部件之间的局部刚度和接触刚度,在某些情况下,这些刚度可能占主要地位。例如,车床的四方刀架,由于层次很多,其接触刚度的大小对机床刚度影响很大。为此,在改造时应尽量减少结合面的数目,减少机床内不必要的移动结合处,或增大必要结合处的接触面,尽量消除机床-夹具-工件-刀具工艺系统中的多余间隙,这些都是提高接触刚度和减少局部变形的有效方法。

3) 制订总体改造方案

根据加工对象的要求和被改造机床的实际情况,拟定应采取的技术措施,制订机床的总体改造方案。在制订改造方案的过程中,应结合前面的可行性评估,充分进行技术经济分析,力求使改造的机床不仅能满足技术性能的要求,而且能获得最佳的经济效益,使技术的先进性与经济的合理性较好地统一起来。下面结合作者的科研实践介绍几个总体方案案例。

(1) 龙门铣床的数控化改造。

该机床是日本 20 世纪 80 年代制造的大型龙门铣床,属于大型工件加工的必备设备之一。某企业将其引进用来加工大型客车底盘模具,加工工艺主要是铣削。由于设备役龄已近 20 年,控制系统老化,运转情况不佳,各轴精度下降,尤其是横梁精度和工作台承载能力下降,不能满足加工要求,因此该机床是进行加工功能不变的数控化改造。

　　改造时,为提高控制的可靠性,原有电气控制系统全部拆除,进给改成交流伺服系统控制,主轴改为变频控制。横梁的运动精度对加工精度的影响最大,为满足加工精度要求,必须对横梁的间隙和精度进行调整和恢复。大型龙门铣的工作台采用的是静压导轨。工作台承载能力的下降原因是长期承受较大的静载荷、冲击载荷以及液压系统维护不妥;导轨定位精度下降原因是静压导轨长期处于不适当的润滑状况,从而导致机床导轨精度下降。结合静压系统的特点,不改变导轨面的机械性状,通过对液压系统的改造,并辅以油膜装置进行调节,恢复工作台的承载能力和移动精度。改造后机床的定位精度由 $30\mu m$ 提高到 $10\mu m$,另外由于数控系统的更新,能够实现三维复杂曲面的加工。改造后的机床如图 3.1 所示。

图 3.1　龙门铣床数控化改造

　　(2) 仿形铣床的数控化改造。

　　该机床的结构与龙门铣床类似,但是比龙门铣床多了一套仿形装置。仿形铣床是利用靠模近似来加工简单平面曲线的。该机床是 20 世纪 70 年代由日本生产的,采购回来后主要用于加工汽车车身覆盖件模具。为了能利用 CAD 模型直接进行数字化生产,提高加工性能,用意大利 FIDIA 系统对其进行数控化改造,实现了三坐标联动。改造总体方案是:①原有的仿形机构仍然保留,数控装置采用意大利的 FIDIA 系统。相比 SIEMENS840D,FIDIA 系统性价比较高,人机界面友好。②伺服驱动装置仍采用西门子模块,更换滚珠丝杠副以提高运动精度,改用高精度轴承替换原轴承,提高承载能力;进给部分的减速环节改为行星减速器,减小反向运动间隙;重新设计液压工作站,更换原有的液压系统。改造后的机床如图 3.2 所示。

图 3.2　仿形铣床数控化改造

（3）镗铣床的数控化改造。

镗铣床主要用于大型箱体零件的加工，像变速箱、减速器等。除了对箱体零件进行镗孔外，还可以进行钻孔、扩孔、铰孔、铣端面、用平旋盘径向刀架车削端面以及镗内孔等。需要改造的这几台镗铣机床存在的主要问题是，静压导轨的精度较差，液压元器件较多，系统的安全可靠性较差；数控系统较老，跟不上现代加工的要求。

因此改造的首要工作是对静压导轨进行修复，恢复各项几何精度。数控系统全部更新为 SIEMENS802D，利用数控系统的内置 PLC 对各部位进行实时监测。镗铣床原来的主轴系统是采用三相异步电动机配以 22 级齿轮变速实现主轴调速，低速时能输出很大的扭矩，过载能力较强，但容易出现振荡。进给系统 X、Y、Z 三个方向不能同时进给，联动插补功能缺乏。综合考虑后，主轴系统采用交流变频调速方式，为了节省成本，保留原机械变挡中的 4 挡，以保证低速时的输出扭矩；进给部分采用数控系统、交流伺服驱动器和交流伺服电动机控制，以实现三轴联动进给功能。改造后的机床如图 3.3～图 3.5 所示。

图 3.3   俄罗斯产落地镗铣床数控化改造

图 3.4   意大利产镗铣床数控化改造

图 3.5　德国产镗铣床数控化改造

3.3　机械结构改造设计

3.3.1　数控化改造的机械结构特点

为满足数控化加工的要求,改造机床的机械结构应该根据数控机床高速度、高精度、高效率和全自动化加工的特点进行设计,满足如下要求:

1) 较高的静、动刚度

数控机床是按照数控程序自动进行加工的,由于机械结构(如机床床身、导轨、工作台、刀架和主轴箱等)的几何精度与变形产生的定位误差在加工过程中不能人为地调整与补偿,因此,必须把各处机械结构部件产生的弹性变形控制在最小限度内,以保证所要求的加工精度与表面质量。

为了提高数控机床主轴的刚度,通常选用刚性很好的双列短圆柱滚子轴承和角接触向心推力轴承组合出向心推力轴承,以减小主轴的径向和轴向变形。为了提高机床大件的刚度,采用液压平衡减少移动部件因位置变动造成的机床变形。为了提高机床各部件的接触刚度,增加机床的承载能力,采用刮研的方法增加单位面积上的接触点,并在结合面之间施加足够大的预加载荷,以增加接触面积。这些措施都能有效地提高接触刚度。采用滚珠丝杆及配对轴承是提高进给系统刚度的常用方法之一。

为了充分发挥数控机床的高效加工能力,并能进行稳定切削,在保证静态刚度的前提下,还必须提高动态刚度。常用的措施主要有提高系统的刚度、增加阻尼以及调整构件的自振频率等。试验表明,提高阻尼系数是改善抗振性的有效方法。

2) 减少热变形的影响

在内外热源的影响下,各机械部件将产生不同程度的热变形,使工件与刀具之间的相对运动关系遭到破坏,从而引起机床加工精度的下降。对于数控机床来说,因为全部加工过程是由程序指令控制的,热变形的影响很难在加工过程中弥补。为了减少热变形的影响,在机械结构中通常采用以下措施:①减少发热源。机床内部的发热是产生的热变形的主要热源,应当尽可能地将热源从机械结构中分离出去。②控制温升。在采取了一系列减少热源的措施后,热变形的情况会有所改善。但受原有结构的限制,要完全消除机床的内外热源通常是十分困难的,甚至是不可能的。所以必须通过良好的散热和冷却来控制温升,以减少热源的影响。其中较有效的方法是在机床的发热部位强制冷却,也可以在机床低温部分通过加热的方法,使机床各点的温度趋于一致,这样可以减少由于温差造成的翘曲变形。例如,在强力切削时,掉在工作台、床身上的炽热切屑就是一个重要热源,改造时普遍要增加多喷嘴、大流量的冷却液来排除这些炽热的切屑。③其他措施。数控机床中的滚珠丝杠常在载荷大、转速高以及散热差的条件下工作,因此丝杠很容易发热。滚珠丝杠发热对进给系统定位精度造成的影响是很严重的,尤其是在开环和半闭环系统中,它会使进给系统丧失定位精度。目前常用的针对性措施在机床上用预拉伸的方法减少丝杠的热变形。对于采取了上述措施仍不能消除的热变形,可以通过试验预先测量丝杠的全局变形情况,然后在数控程序中加以补偿。

3) 减少运动副摩擦、消除传动间隙

数控机床的工作台通常要求能以较低的速度运动,这就要避免因运动副摩擦过大产生的低速爬行现象。在数控化改造时,为了减少导轨的摩擦,通常会对原有的滑动导轨进行贴塑处理,在条件允许的情况下,可以更换为滚动导轨或静压导轨,这三种导轨在摩擦阻尼特性方面存在着明显的差别。在进给系统中用滚珠丝杠代替滑动丝杠也可以收到减少运动副摩擦的效果,目前的数控化改造无一例外地采用了滚珠丝杠传动。

另外,进给传动链误差会直接复现到加工工件上,因此数控改造的传动链要求尽可能地短,最好能实现反向零背隙。通常采取的措施是采用无间隙传动副,例如,取消齿轮传动副,实现电动机与丝杠的直联,提高滚珠丝杠的精度;对于滚珠丝杠螺距的累积误差,还可采用软件补偿的方法进行螺距补偿。在减速环节不能取消的情况下,采用成对消隙齿轮,也能大大消除传动间隙。

4) 提高机械部件寿命和精度保持性

为了提高整机的寿命和精度保持性,在设计时应充分考虑机械部件的耐磨性,尤其是机床导轨、滚珠丝杠、主轴部件等影响精度的主要零件的耐磨性。在使用过程中,应保证机床各机械部件的润滑良好。运动结合部采用不同材料的配合,如在金属滑动导轨的运动部件上贴塑,变为金属-塑料导轨结合。对静压导轨要保证全行程浮动量均匀。

5) 减少辅助操作时间

非数控加工中,手动调整时间、辅助时间(非切削时间)占有较大的比重。数控化改造提高生产效率是一个进步,但要进一步提高机床的生产率,还必须采取措施最大限度地压缩非切削时间。例如,加装自动换刀装置,减少换刀时间;加装自动砂轮修整器,减少砂轮修正时间;加装对刀、工件找正装置,减少手动调整时间;对于切屑量大的强力切削机床,加装自动排屑装置,减少停机清扫时间。

3.3.2　典型机械部件的改造设计

为突破回转支承内外滚道加工的生产瓶颈,对普通立式车床进行了数控化改造。改造的主要目的是将原有的机械传动机构改造成由数控装置控制的自动进给系统,完成对滚道曲面的精确加工。回转支承滚道的加工必须由 X、Z 两轴联动控制完成,因此在改造中,保留立刀架和原有主轴系统,拆除侧刀架,改造立刀架的 X 轴和 Z 轴进给系统,使立车具有曲面加工能力。

1. 立车机械结构改造的内容

一般来说,如果原立车的工作性能良好,只需对进给轴的传动链进行改造,保留原机床的工作台主传动系统。如果原机床使用时间较长,运动部件磨损严重,除了对导轨精度进行修复外,还要将主传动系统拆除或更换,以确保改造后机床的整体精度。下面以 C5116E 为例,如图 3.6 所示,说明立式车床数控化改造的内容。

1) 主传动系统

对性能较好的立式车床进行数控化改造时,一般可保留原有的主传动系统和变速操纵机构。这样既保留了车床的原有功能,又减少了改造量。原有的主传动系统如图 3.7 所示。

如果要提高车床的自动化程度,或者所加工工件的直径相差较大,批量相对集中,需在加工过程中自动变换切削速度,可以采用变频电动机替代原车床的主电动机。由于变频电动机的功率是随转速的变化而变化的,应选择功率大一些的电动机。改造后的主传动系统如图 3.8 所示。

图 3.6　C5116E 立式车床外观图

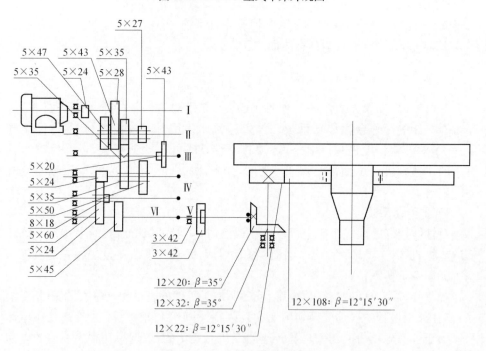

图 3.7　C5116E 主传动系统图

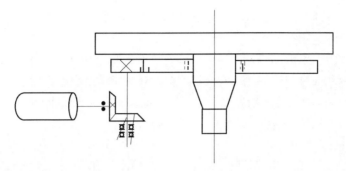

图 3.8 改造后的主传动系统图

2) 进给系统

拆除原来的进给传动系统,采用交流伺服电动机作为执行装置,为减小传动误差,缩短传动链,两个进给轴的伺服电动机均与滚珠丝杠直联。改造后的进给传动系统如图 3.9 所示。

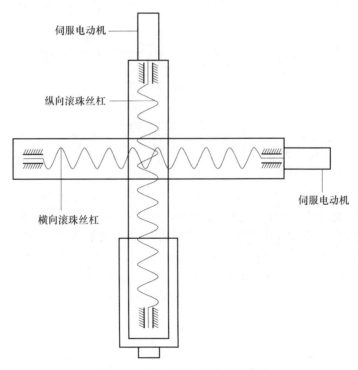

图 3.9 改造后的进给传动系统图

2. 机械改造部件的设计计算

以 C5116E 的 X 轴进给系统为例来说明立式车床机械改造部件设计计算,主要内容包括:传动元件的设计计算及选用,传动系统的惯量计算,伺服电动机的选择计算,轴承的选用等。

已知条件:主轴电动机功率 $P=30\text{kW}$,主轴转速范围为 $5\sim120\text{r/min}$,X 滑台的重量 $W_1=3000\text{N}$,刀架重量 $W_2=15000\text{N}$,滑动导轨动摩擦系数 $\mu=0.1$,静摩擦系数 $\mu_0=0.2$,X 轴快速进给速度 $v_{\max}=5\text{m/min}$,要求机床整个行程的定位精度为 $20\mu\text{m}$,重复定位精度 $10\mu\text{m}$,工作寿命 20000h(2 班制工作 10h)。

1) 切削抗力计算

立式车床在车削时的切削抗力如图 3.10 所示。主切削抗力 F_Y 与切削速度的方向一致,垂直于纸面向内,是计算立车主轴电动机切削功率的主要依据。切削分力 F_X(进给抗力)影响加工精度和已加工表面的质量。切削分力 F_Z(切深抗力)与进给方向平行且指向相反,在设计和校核进给系统时要用到。

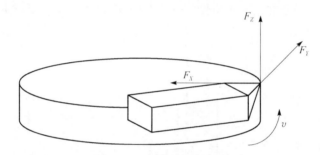

图 3.10　立式车削抗力分析

由于 F_Z、F_X 所消耗的切削功率可以忽略不计,故主电动机的功率 P 主要用于

$$P = F_Y v\eta \times 10^{-3} (\text{kW}) \tag{3.1}$$

式中,F_Y 为主切抗削力,N;v 为切削速度,m/s,正常切削的转速是 $20\sim30\text{r/min}$,换算成线速度这里取 2.5m/s;η 为主传动系统的效率,一般为 $0.75\sim0.85$,这里取 0.8。

进给抗力 F_X 和切深抗力 F_Z,可按下列比例分别求出:

$$F_Y : F_Z : F_X = 1 : 0.25 : 0.4 \tag{3.2}$$

由式(3.1)、式(3.2)计算出切削抗力 $F_Y=15000\text{N}$,$F_Z=3750\text{N}$,$F_X=6000\text{N}$。这些值为正常情况下的切削力,强力切削和精加工时的切削力分别加倍和减半,各种方式切削力的分布见表 3.1。

表 3.1　切削力的分布

切削方式	进给抗力/N	主切削抗力/N	进给速度/(m/min)	工作时间比例/%
强力切削	7600	12000	0.2	45
一般切削	3800	6000	0.1	45
精切削	1900	3000	0.02	5
快速进给	0	0	5	5

2) X 轴滚珠丝杠选择计算

滚珠丝杠副目前均已标准化,改造设计时的计算主要是按照厂家的标准类型进行滚珠丝杠型号的选择。首先,根据定位精度要求,丝杠精度等级要选 4 级精度。

(1) 计算导程。

导程可根据快移速度和驱动电动机的最高转速按照下式确定:

$$p \geqslant \frac{v_{max}}{n_{max}i} \tag{3.3}$$

式中,p 为丝杠的导程,mm;v_{max} 为轴快移速度,mm/min;n_{max} 为电动机最高转速,这里取西门子伺服电动机的最高转速 7200r/min;i 为电动机到丝杠的减速比。计算得 $p \geqslant 1$ 即可,这里根据 Unidneff 的滚珠丝杠技术手册初步选择 $p = 10$mm。

(2) 计算轴向平均载荷。

平均载荷的计算可根据表 3.1 所示的切削力的分布按照如下公式进行统计学计算:

$$n_i = \frac{v_i}{pi} \tag{3.4}$$

$$n_m = q_1 n_1 + q_2 n_2 + q_3 n_3 + q_4 n_4 \tag{3.5}$$

$$F_m = \sqrt[3]{\sum_{i=1}^{4} F_i^3 \frac{n_i}{n_m} q_i} \tag{3.6}$$

式中,v_i 为不同切削方式下的进给速度,mm/min;n_i 为换算成相应切削方式下的丝杠转速,r/min;q_i 为不同切削方式的工作时间比重,%;F_i 为不同切削方式下的切削抗力,N;由此计算出 X 轴向的平均转速 $n_m = 38.6$r/min,平均载荷为 $F_m = 7600$N。

(3) 公称直径的选择。

假设零背隙时的轴向载荷为 $F_m = 7500$N,那么滚珠丝杠副的预紧力为 $P = F_m/2.8 = 2800$N,丝杆螺母副所受的实际载荷为 $F_a = F_m + P = 10400$N。根据要求的工作寿命,滚珠丝杠的回转圈数为 $L = L_h \times n_m \times 60 = 20000 \times 56.8 \times 60 = 6816 \times 10^4$(rev),此时滚珠丝杠承受的动载荷为

$$C' = F_a \left(\frac{L}{10^6} \right)^{1/3} \tag{3.7}$$

式中,C' 为滚珠丝杠实际承受的动载荷,这里计算结果为 42500N。要求选择滚珠丝杠副所能承受的额定动载荷 C 大于该值即可。根据 Unidneff 的产品手册初步选择公称直径为 $d_0 = 63$mm 的丝杠,它的额定动载荷为 $C = 57755$N。

（4）轴向载荷与临界转速的校验。

为避免滚珠丝杠在运行过程中产生严重的径向变形，需要对所选滚珠丝杠所能承受的轴向载荷进行校验：

$$F_k = 40720 \times \frac{N_f d_r^4}{L_t^2} \tag{3.8}$$

式中，F_k 为理论允许载荷，N；N_f 为不同支承方式的承载系数，固定-固定方式时 $N_f = 1.0$，固定-支承方式时 $N_f = 0.5$，支承-支承方式时 $N_f = 0.25$，固定-自由方式时 $N_f = 0.0625$，这里取 $N_f = 1.0$；d_r 为滚珠丝杠轴根径，这里取 $d_r = 56.9\text{mm}$；L_t 为轴承的支承间距，这里取 $L_t = 1\text{m}$。实际丝杠的许用轴向载荷 $F_k' = 0.5 F_k$，这里算出 $F_k' = 213415\text{N}$，远大于轴向最大载荷 12000N，因此载荷校验合格。

为避免丝杠旋转时离心力引起的扰屈对精度的影响，必须对滚珠丝杠所能承受的临界转速进行校验：

$$N_c = 2.71 \times 10^8 \times \frac{N_f d_r}{L_t^2} \tag{3.9}$$

式中，N_c 为理论临界转速，r/min；N_f 为不同支承方式的承载系数，固定-固定方式时 $N_f = 1.0$，固定-支承方式时 $N_f = 0.689$，支承-支承方式时 $N_f = 0.441$，固定-自由方式时 $N_f = 0.157$，这里取 $N_f = 1.0$；d_r 为滚珠丝杠轴根径，这里取 $d_r = 56.9\text{mm}$；L_t 为轴承的支承间距，这里取 $L_t = 1\text{m}$。实际丝杠的许用轴向载荷 $N_c' = 0.8 N_c$，这里算出 $N_c' = 12336\text{r/min}$，远大于最高转速 500r/min，因此临界转速校验合格。

至此，滚珠丝杠型号基本确定，只需再根据行程和机械结构详细确定丝杠长度规格。

3）X 轴伺服电动机选择计算

（1）切削扭矩。

$$T_a = \frac{F_a p}{1000 \times 2\pi \eta_1} \tag{3.10}$$

式中，T_a 为切削扭矩，N·m；F_a 为轴向载荷，$F_a = F_m + \mu(W_1 + W_2)$，N；$p$ 为丝杠导程，mm；η_1 为机械传动效率，0.9～0.95，这里取 $\eta_1 = 0.93$；计算出 $T_a = 16\text{N·m}$。

（2）预紧扭矩。

$$T_d = \frac{K_p P p}{1000 \times 2\pi} \tag{3.11}$$

式中，T_d 为预紧扭矩，N·m；P 为预紧力，N；p 为丝杠导程，mm；K_p 为预紧扭矩系数，范围为 0.1～0.3，这里取 $K_p = 0.2$；计算出 $T_d = 0.9\text{N·m}$。

（3）电动机驱动扭矩计算。

$$T_\mathrm{m} = T_\mathrm{a} + T_\mathrm{d} + T_\mathrm{b}\tag{3.12}$$

式中，T_m 为电动机匀速运动时的扭矩，$\mathrm{N \cdot m}$；T_b 为轴承摩擦转矩，因摩擦转矩与切削扭矩相比很小，这里忽略不计。计算出 $T_\mathrm{m} = 16.9\mathrm{N \cdot m}$，选择的伺服电动机的额定扭矩 $T_\mathrm{e} > 1.5T_\mathrm{m}$，这里选择额定扭矩 $27\mathrm{N \cdot m}$ 的西门子交流伺服电动机。

4）X 轴滚珠丝杠的支承方式及轴端形式

（1）滚珠丝杠支承方式。

对于进给系统，滚珠丝杠本身的精度和速度固然影响系统的性能，但是丝杠支承的设计也会影响到系统的刚度和运行速度。滚珠丝杠的支承一般有以下四种方式：

① 固定-固定方式，即丝杠两端各安装两个背靠背的角接触球轴承或一个平面推力滚子轴承加一个深沟球轴承，如图 3.11 所示，这种方式传动刚度较高，一般适用于高转速、高精度的进给系统，但是运行过程中的热膨胀受到限制，因此安装时需要进行预拉升，提高丝杠的精度稳定性。

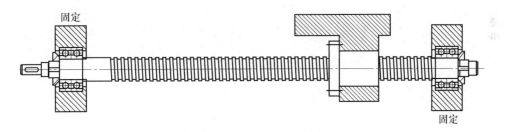

图 3.11　固定-固定方式

② 固定-支承方式，即丝杠的传动输入端安装两个背靠背的角接触球轴承或圆锥滚子轴承，或者一个平面推力滚子轴承加一个深沟球轴承，另一端安装一个角接触球轴承或圆锥滚子轴承，如图 3.12 所示，这种方式一般适用于中等转速、较高精度的进给系统，而且支承的一端在轴向上是自由的，因而丝杠具有热膨胀的余地。

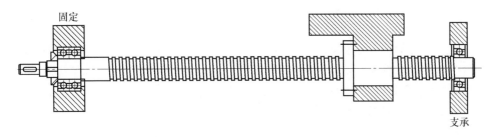

图 3.12　固定-支承方式

③ 支承-支承方式,即丝杠两端各安装一个角接触球轴承或圆锥滚子轴承,如图 3.13 所示,这种方式传动刚度较低,一般适用于中等转速、中等精度的进给系统。

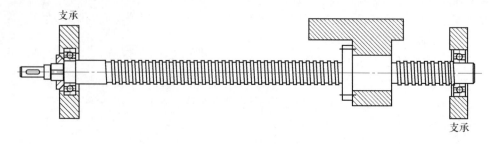

图 3.13　支承-支承方式

④ 固定-自由方式,即丝杠的传动输入端安装两个背靠背的角接触球轴承或圆锥滚子轴承,或者一个平面推力滚子轴承加一个深沟球轴承,另一端自由悬挂,如图 3.14 所示,这种方式要求丝杠的长度较短,丝杠本身的轴向刚度要高,承受的转速不能高,否则自由端可能甩动,一般适用于低转速、中等精度的进给系统。

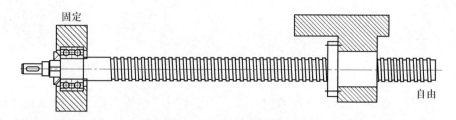

图 3.14　固定-自由方式

本例中选择使用固定-支承的安装方式,固定端采用平面推力滚子轴承加深沟球轴承的安装方式,支承端采用深沟球轴承。

(2) 滚珠丝杠轴端形式。

就固定-支承的方式来详细说明两种轴端形式的特点。图 3.15 和 3.16 分别给出了常用的固定端和支承端的轴端形式。

从图中可以看出,轴端安装的轴承主要承受的是轴向载荷,径向除了丝杠的重力外,一般没有外载荷,因此丝杠轴主要要求轴向精度和刚度较高,摩擦力矩要小。根据支承形式的不同,经常使用的轴承包括:角接触球轴承、双向推力角接触球轴承、圆锥滚子轴承、滚针轴承和推力滚子轴承等,它们的特点及组合应用如表 3.2 所示。

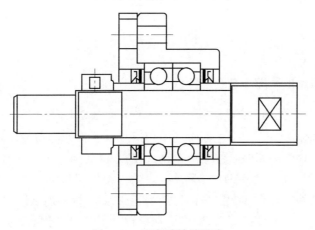

图 3.15　固定端轴端形式

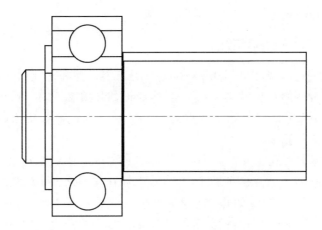

图 3.16　支承端轴端形式

表 3.2　丝杠常用轴承组合及特点

轴承类型	轴向刚度	轴承安装	预载调整	摩擦力矩	应用
角接触球轴承	大	简单	不需要	小	应用广泛,刚度要求变动场合
双向推力角接触球轴承	中	简单	不需要	小	轴向刚度要求较高的场合
圆锥滚子轴承	小	简单	内圈有隔套时需要调整	大	轴向刚度要求不高的场合
滚针轴承＋推力滚子轴承	特大	简单	不需要	特大	用于大牵引力、高刚度的大型机床
推力轴承＋深沟球轴承	大	复杂	麻烦	小	应用较少

3.4　电气控制系统的改造设计

3.4.1　数控机床电气控制系统的特点

现代数控机床的电气控制主要是利用数控系统 CNC 与 PLC 集成的特点,将 PLC 作为机床侧信号和 CNC 一侧信号的中转站,实现外部信号的输入和逻辑控制信号的输出,代替原来的硬件逻辑电路。在实现控制要求时,不仅可以省去大量繁冗的控制电器元件和线路连接,而且可以处理硬件逻辑电路难以处理的复杂信息,当系统改变控制要求和参数时,只需对相应的储存程序加以修改便能改变生产工艺的控制,使系统的效率更高,操作更加简单。另外,针对现代数控机床安全可靠性要求提高的特点,利用 PLC 的 I/O 点可扩展性,可自行设计增加若干监测功能,满足数控加工的功能要求。

3.4.2　电气控制系统的改造方法

在传统数控机床中,因其采用技术的复杂性、多样性和多变性等特点,数控机床电气系统在使用中难免出现多种问题,造成设备利用率低,故障繁多,使用寿命缩短,甚至可能影响生产,直到造成重大经济损失。因此,数控机床电气系统的改造也就变得越来越重要。

在电子技术飞速发展的今天,有必要而且有可能采用新技术对原电气控制系统进行改造,以提高生产加工的可靠性并实现数控机床自动化运行方式的任意选择,提高机床的利用率和先进性。在电气改造时,主要应考虑以下几个方面的问题:

(1) 机械修理与电气改造相结合。一般来说,需要进行电气改造的机床都需要进行机械修理。要确定修理的要求、范围、内容;也要确定因电气改造而需进行机械结构改造的要求、内容;还要确定电气改造与机械修理、改造之间的交错时间要求。

(2) 电气改造着重的是性价比。电气控制系统可选择范围较广泛,不同档次系统功能差异较大。所以性价比合理是决定性因素,本着功能够用、可靠性第一的原则进行选择和设计。

(3) 电气控制系统各器件易维修更换。依据具体机床的使用环境以及外界的影响因素,合理选择电气系统,最主要是易于维修和更换,使改造后的机床有可靠的使用保证。

总的来说,数控机床的改造主要是对原有机床的机械结构、运动部件和电气控制系统进行创造性的设计或改造,最终用程序控制机床运动和自动加工的理想状态。对于电气控制系统的改造应该最大限度地满足被控对象的控制要求,而且在满足控制要求的前提下,力求使控制系统简单、经济、使用和维护方便,保证控制系统安全可靠。

3.4.3　立式车床改立式磨床电气控制改造设计

将普通立车改造成数控立式滚道磨床,根据现代数控机床的特点,电气控制部分采用数控系统控制主要的功能和运动,采用 PLC 实现辅助功能的控制。改造设计内容主要包括:①磨削主轴运动改由数控系统、PLC 和变频器联合控制;②工作台换挡改由 PLC 控制;③立柱升降运动改由 PLC 控制;④X、Z 轴进给运动改由数控系统和伺服驱动系统控制;⑤液压系统改由 PLC 控制;⑥其他强电电路改由 PLC 进行控制。下面就改造中涉及的主要内容分别加以说明。

1. 数控和伺服系统的选型及功能

根据滚道加工的功能要求,选择西门子 802Cbaseline 数控系统、西门子 SIMODRIVE 611U 的伺服驱动器以及西门子 1FK7 的伺服电动机。802Cbaseline 系统可以控制 3 个进给轴和 1 个主轴,与立式磨床的要求基本匹配,而且与其他同类的进口数控系统相比,802Cbaseline 系统的性价比较高,属于西门子数控系统中的经济型档次,但功能完全能够满足立式磨床的工作需求。数控和伺服系统的总体结构如图 3.17 所示。

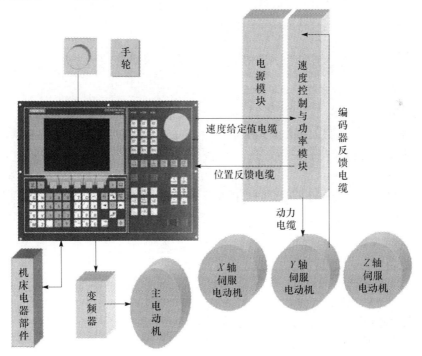

图 3.17　数控和伺服系统的总体结构

该系统包括数控主机(NCK)、内置可编程逻辑控制器(PLC)、伺服驱动装置和检测装置(编码器)。其中,802C 的 NCK 软件可以控制 3 个伺服轴(脉冲/方向信号)和 1 个模拟主轴(±10V),零件程序存储器容量为 256KB。内置 PLC 带有48 位数字输入点和 16 位数字输出点。NCK 和机床之间通过 PLC 的输入/输出接口来交换信息。伺服驱动装置 611U 由电源模块、功率模块和控制模块组成。电源模块将 380V 的工频电变换为直流母线上的直流电压,并通过电源模块上的设备总线提供给功率模块和控制模块所需的各种电源(±24V、±5V 等);控制模块完成进给系统电流环和速度环的闭环控制;功率模块放大控制信号控制伺服电动机。选用了带增量式编码器正弦/余弦 $1V_{pp}$ 的伺服电动机,该电动机的编码器每转能输出 2048 个脉冲,通过正余弦信号的高倍频细分技术,可以使正/余弦编码器获得比原始信号周期更细的名义检测分辨率。

数控系统初始化定义时定义成铣床模式,X 轴和 Z 轴分别控制横向和纵向的伺服进给,Y 轴控制砂轮修整器的伺服进给。数控程序 S 指令译码后产生模拟电压信号,传递给变频器,从而控制磨削主电动机。主轴的正反转和停止、旋转工作台的启停、液压的控制都由 PLC 完成,下面将详细叙述这几部分的电气控制改造设计。

2. 主轴功能的电气控制改造设计

立式滚道磨床的磨削主轴要求能够实现无级变速,可接受数控程序 S 指令的控制,能完成手动/自动方式下主轴的正/反转控制。根据西门子 802Cbaseline 数控系统、LG 变频器和数控系统内装 PLC 的配置,设计电气控制原理图如图 3.18所示,设计 PLC 程序如图 3.19 所示。

主轴的手动控制,首先按下机床操作面板上的变频器上电按钮,使中间继电器KA17 吸合,从而使交流接触器 KM1 吸合实现主轴磨削电动机的通电;然后按下机床操作面板上的正/反转按钮,使相应的中间继电器 KA1/KA2 吸合,从而触发变频器的正/反转控制信号,自动加工模式下,则是通过 PLC 查询 M 功能区的 bit 位状态来控制正/反转。数控加工程序中的 S 指令值,经过数控系统的数模转换,通过速度给定值电缆将模拟控制信号送给变频器控制端,从而实现无级变速控制。

3. 回转工作台的电气控制改造设计

工作台原先的启动/停止是通过继电器电路控制的,工作台转速的换挡则是完全通过手动方式完成的。数控化改造后,采用 PLC 程序代替了大部分继电器控制电路,实现了工作台启动的 Y-△转换、工作台停止的制动时间可调控制、工作台换挡的半自动控制。设计电气控制原理图如图 3.20 所示。

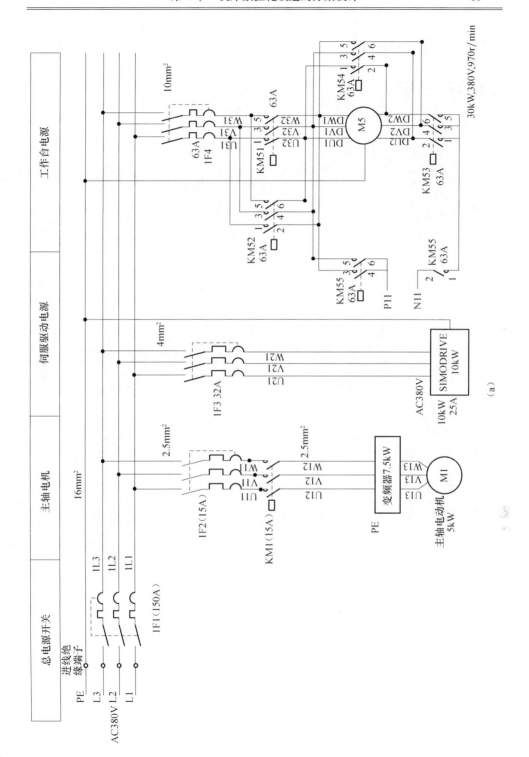

（a）

802C NCU	变频器

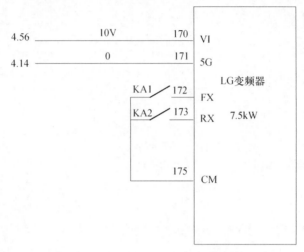

（b）

主轴正转 CW	主轴反转 CCW	Z轴制动		脉冲使能 T63	脉冲使能 T64	横梁上升/指示	横梁下降/指示

所有线径1mm²

Q0.0	Q0.1	Q0.2	Q0.3	Q0.4	Q0.5	Q0.6	Q0.7
1	2	3	4	5	6	7	8

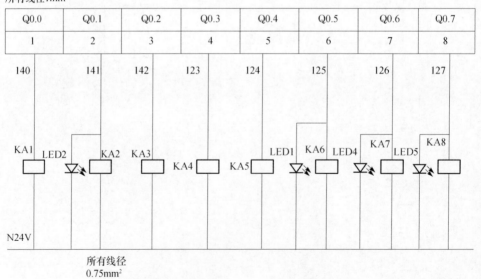

所有线径
0.75mm²

（c）

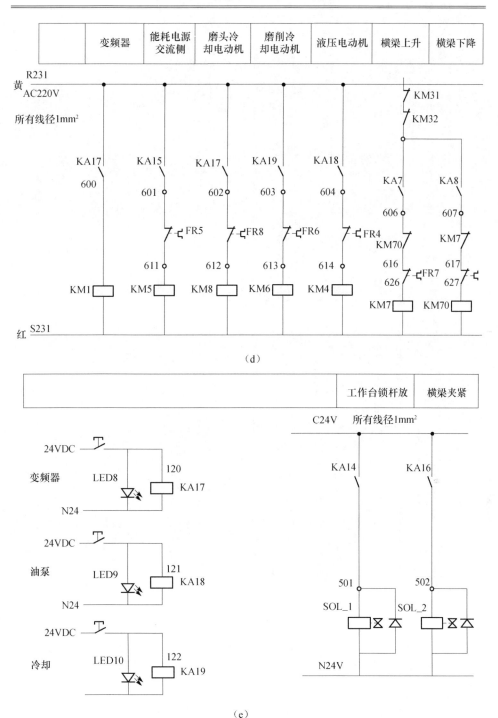

（d）

（e）

图 3.18　主轴功能电气控制原理图

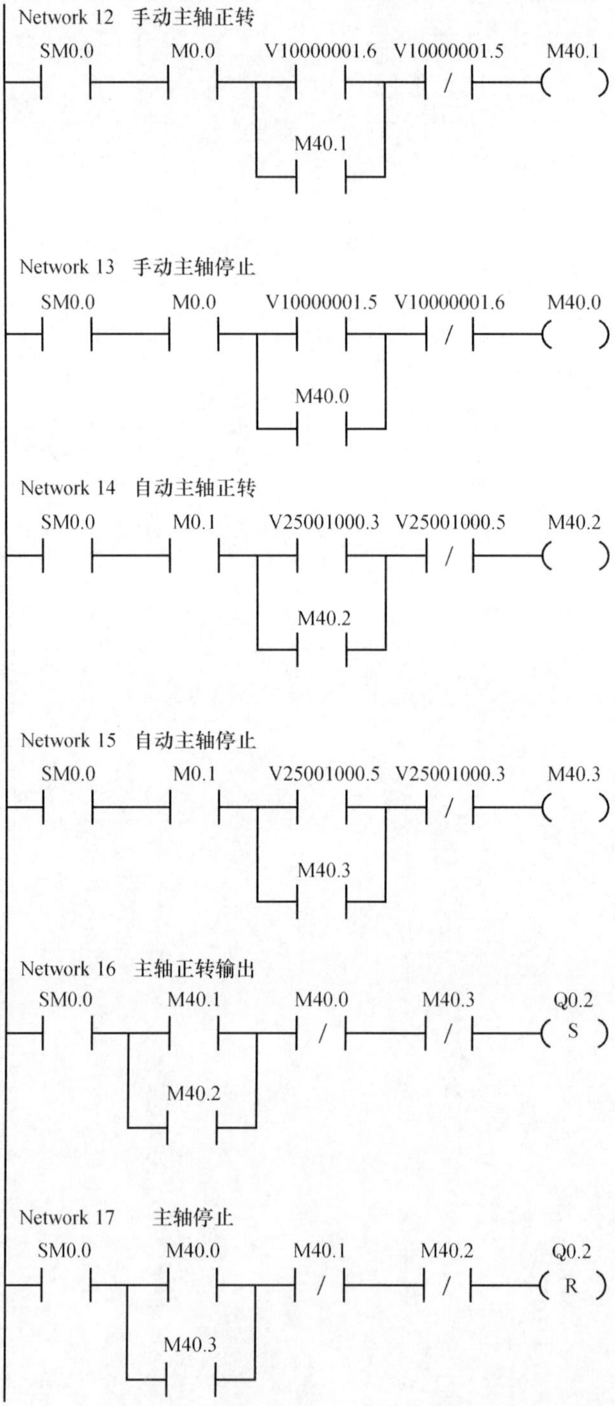

Network 12　手动主轴正转

```
 SM0.0      M0.0    V10000001.6 V10000001.5   M40.1
 ┤├─────────┤├───┬───┤├────────┤/├──────────( )
                 │   M40.1
                 └───┤├───┘
```

Network 13　手动主轴停止

```
 SM0.0      M0.0    V10000001.5 V10000001.6   M40.0
 ┤├─────────┤├───┬───┤├────────┤/├──────────( )
                 │   M40.0
                 └───┤├───┘
```

Network 14　自动主轴正转

```
 SM0.0      M0.1    V25001000.3 V25001000.5   M40.2
 ┤├─────────┤├───┬───┤├────────┤/├──────────( )
                 │   M40.2
                 └───┤├───┘
```

Network 15　自动主轴停止

```
 SM0.0      M0.1    V25001000.5 V25001000.3   M40.3
 ┤├─────────┤├───┬───┤├────────┤/├──────────( )
                 │   M40.3
                 └───┤├───┘
```

Network 16　主轴正转输出

```
 SM0.0      M40.1     M40.0     M40.3        Q0.2
 ┤├──────┬───┤├────────┤/├──────┤/├─────────( S )
         │   M40.2
         └───┤├───┘
```

Network 17　主轴停止

```
 SM0.0      M40.0     M40.1     M40.2        Q0.2
 ┤├──────┬───┤├────────┤/├──────┤/├─────────( R )
         │   M40.3
         └───┤├───┘
```

图 3.19　主轴功能的 PLC 控制程序图

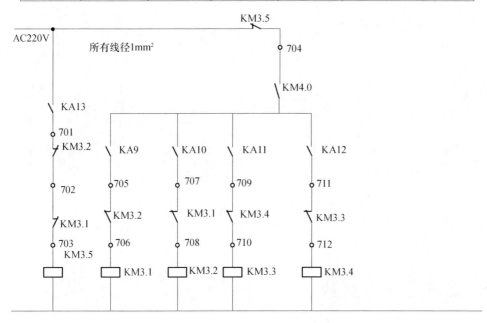

工作台					
制动	正向	反向	Y 运行	△运行	

（a）

24VDC输出	急停	工作台运行					横梁	
		启动	停车	正转/反转	制动	点动	上升	下降
0V　24V	I0.0	I0.1	I0.2	I0.3	I0.4	I0.5	I0.6	I0.7
	1	2	3	4	5	6	7	8

（b）

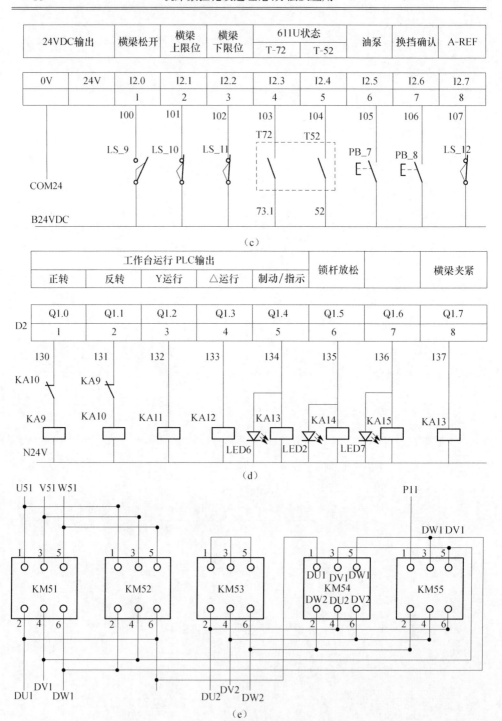

24VDC输出		横梁松开	横梁上限位	横梁下限位	611U状态		油泵	换挡确认	A-REF
					T-72	T-52			
0V	24V	12.0	12.1	12.2	12.3	12.4	12.5	12.6	12.7
		1	2	3	4	5	6	7	8

（c）

工作台运行 PLC输出					锁杆放松		横梁夹紧
正转	反转	Y运行	△运行	制动/指示			
Q1.0	Q1.1	Q1.2	Q1.3	Q1.4	Q1.5	Q1.6	Q1.7
1	2	3	4	5	6	7	8

（d）

（e）

图 3.20　工作台功能电气控制原理图

按下机床操作面板上的启动按钮 PB1,经 PLC 运算使交流接触器 KM53 线圈吸合,完成对电动机绕组的 Y 接法,同时(反转时 KM52)交流接触器 KM51 吸合,接通电动机 M5 电源,电动机 M5 按 Y 接法启动。当电动机按 Y 接法运转 10s 后,经 PLC 判断,使 KM53 断开,经过 0.5s 延时,KM54 吸合,完成对电动机 M5 绕组的△接法,实现了 Y-△转换。

为缩短工作台停止时间,采用能耗制动方式,制动时间可调整,按压停止按钮的时间即为电动机制动时间。按机床操作面板上的停止按钮 PB2,PLC 使 KM51(反转方式 KM52)断开,切断交流电源,同时△接法交流接触器 KM54 断开,经 0.5s 延时,按机床操作面板上的"制动"按钮,KM55 吸合,接通制动电源交流供电回路,电动机 M5 进入能耗制动状态,工作台很快地停止下来。否则,电动机将处于自由状态,运转的惯性会使工作台停止时间拖长。

换挡时一方面用机械手轮有级变速,另一方面通过电气控制液压系统,解除变速锁杆对齿轮的锁紧,在变速过程中控制电动机 M5 做脉动转动,以消除和防止齿轮间的顶齿现象。按下机床操作面板上的"换挡确认"按钮,PLC 控制锁杆放松电磁阀 YV1 线圈得电,锁杆放松到位压合限位开关 LS7,变速指示灯亮。KM51、KM53 接触器吸合,电动机 M5 转动,经 0.5s,KM51、KM53 断开,电动机 M5 停止,又经过 2s,YV1 线圈断电,电动机又工作 0.5s,工作台也跟随做脉动。当速度达到预定值时,锁杆回到锁紧位置,变速指示灯灭,说明齿轮啮合正常。如果从 YV1 线圈得电起经 7s 仍然不能完成变速,电动机脉动停止,"换挡确认"信号灯亮,需要检查或重新换挡。

3.5　液压系统的改造设计

3.5.1　液压系统在数控机床中的作用

现代数控机床基本都是以电动机作为主要的动力设备,但在一些特殊的应用场合,液压系统仍然发挥着不可替代的作用。例如,由于液压传动的平稳性,在重型机床上基本都采用静压导轨来保证运动结合部的精度;由于液压传动的大功率密度,在大型回转工作台上使用液压锁紧系统来保证工作台在切削加工中的稳定性。

1. 液压在回转工作台中的应用

普通回转工作台的变速通常采用液压式集中变速操纵机构,通过液压拨叉操纵所有的滑移齿轮,从而实现半自动的有级变速。大型回转工作台还会采用液压方式用于消除间隙,当工作台旋转时,液压油缸卸荷,当工作台停止定位时,液压缸的活塞顶紧工作台消除间隙。

2. 液压在静压导轨中的应用

为减小大重型机床运动结合部的滑动摩擦,在大重型数控机床中通常采用静压导轨,即在机床工作台的导轨面上加工出油腔,引入压力油,这样在工作台和床身导轨面之间形成厚度基本不变的极薄的油膜,使工作台浮起很小的高度,使运动结合表面不直接接触,处于完全的液体摩擦状态。

3. 液压在换刀机构中的应用

对于简单的双机械手换刀机构,用回转液压缸来实现手架的旋转,装刀和卸刀机械手安装在滑板上,机械手的滑板由安装在它上面的液压缸实现向前伸和向后缩的直线运动。

对于链式刀库来说,大都采用刀套准停机构。若刀套不能在换刀位置上准确停止,换刀机械手就会抓刀不准,换刀时容易出现掉刀现象。常采用液压缸推动定位销,插入定位盘的定位槽内来实现刀套的准停。

4. 液压在主轴箱平衡方面的应用

对于主轴的移动,常用液压缸工作时不需供油的内循环式液压平衡系统来平衡主轴箱的重量。平衡液压缸里的油液在主轴箱下行时被挤入蓄能器里,蓄能器在主轴箱上行时向液压缸供油,从而在进油路上单向阀的上部形成简单的内循环。该平衡系统采用封闭油缸结构,油路系统由蓄能器补油和吸油达到蓄能维持压力。

5. 液压在润滑方面的应用

对于中等转速的主轴,主轴轴承常采用油液循环润滑方式。

3.5.2　车床改磨床液压系统改造设计

1. 工况分析并初步确定系统形式

在本项目中,液压系统主要完成以下几项工作:平衡主轴箱;横梁的松开/锁紧;导轨的润滑等。初步设计液压系统如图 3.21 所示。

1) 确定油液循环方式

液压系统可分为开式系统和闭式系统。开式系统是指液压泵从油箱吸油,油经过各种控制阀后,驱动液压执行元件,回油时再经过换向阀回油箱。这种系统结构较为简单,可以发挥油箱的散热、沉淀杂质作用。但油液常与空气接触,使空气易于渗入系统,导致机构运动不平稳等。开式系统油箱大,液压泵自吸性能好,根据本改造机床的要求,该液压系统选择开式系统。

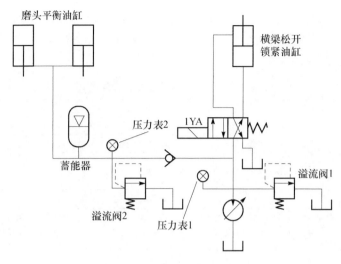

图 3.21　液压系统原理图

2）液压泵数量选择

液压泵的组合可分为单泵系统、双泵系统和多泵系统。本系统选择单泵系统就能满足要求。

3）液压泵的选择

液压泵可分为定量泵和变量泵。变量泵的特点是在调节范围内，可以充分利用发动机的功率，但其结构和制造工艺复杂、成本高。本系统选择定量泵。

4）供油方式选择

供油方式有两种：串联系统和并联系统。在串联系统中，上一个执行元件的回油即为下一个执行元件的进油，每通过一个执行元件压力就要降低；当主泵向多路阀控制的各执行元件供油时，只要液压泵的出口压力足够，便可以实现各执行元件的运动的复合；但由于执行元件的压力是叠加的，故克服外载能力将随执行元件数量的增加而降低。在并联系统中，当一台液压泵向一组执行元件供油时，进入各执行元件的流量只是液压泵输出流量的一部分。流量的分配随各部件上外载的不同而变化，首先进入外载荷较小的执行元件，因此本系统选择并联方式。

2. 确定液压系统参数

液压系统的主要参数包括压力、流量（体积流量）和功率。通常，首先选择系统（即执行器）设计压力，并按最大外负载和选定的设计压力计算执行器的主要结构参数，然后根据对执行器的速度（或转速）要求，确定其流量。压力和流量一经确定，即可确定其功率，并绘制出液压执行器的工况图。

液压缸的缸筒内径、活塞杆直径及有效面积或液压马达的排量是其主要结构参数。计算方法是：先由最大负载和选取的设计压力及估计的机械效率算出有效面积或排量，然后再检验是否满足在系统最小稳定流量下的最低运行速度要求。计算和检验公式见表 3.3。

表 3.3　液压系统参数计算和检验公式

项目　　类型	液压缸		双杆活塞液压缸
	单杆活塞液压缸		
	无杆腔为工作腔	有杆腔为工作腔	两腔面积相等
计算公式	$p_1 A_1 - p_2 A_2 = F_{max}/\eta$	$p_1 A_2 - p_2 A_1 = F_{max}/\eta$	$A_1 = A_2 = A$ $A(p_1 - p_2) = F_{max}/\eta$
检验公式	$A \geqslant q_{min}/v_{min}$		

注：p_1 和 p_2 分别为液压缸工作腔和回油腔的压力，Pa；$A_1 = \pi D^2/4$ 为液压缸无杆腔的有效面积，m^2；$A_2 = \pi(D^2 - d^2)/4$ 为液压缸有杆腔的有效面积，m^2；D 为液压缸缸筒内径，m；d 为活塞杆直径，m；F_{max} 为液压缸的最大负载力，N；η 为机械效率（一般取 $0.9 \sim 0.97$）；v_{min} 为最小速度，m/s；q_{min} 为系统最小稳定流量，m^3/s。

液压缸的参数包括缸的内径、活塞杆直径和液压缸行程。图 3.22 为液压缸受力图，图中，p_1 为液压缸工作腔的压力，初算是选取液压缸系统压力，$p_1 = 1MPa$，p_2 为液压缸回油腔的压力，初算时无法确定，可以根据表 3.4 估算，本方案中 $p_2 = 0.2MPa$。

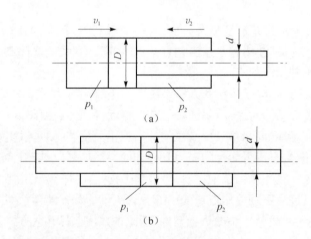

图 3.22　液压缸受力图

可根据工作推力 F 和工作压力 p_1 来计算油缸内径，工作推力分别是磨头自重和锁紧力，从而由下式确定油缸内径，

$$A = \frac{F}{p_1} \tag{3.13}$$

活塞杆的直径可按以下公式计算：

$$d = 0.3D \tag{3.14}$$

表 3.4　回油腔压力估算值

系统类型		背压力
中低压系统 0～8MPa	简单系统和一般轻载调速系统	0.2～0.5MPa
	回油路带调速阀的调速系统	0.5～0.8MPa
	回油路带背压阀	0.5～1.5MPa
	采用带补液压泵的闭式回路	0.5～1.5MPa
中高压系统 8～16MPa	简单系统和一般轻载调速系统	比中低压系统高 50%～100%
	回油路带调速阀的调速系统	
	回油路带背压阀	
	采用带补液压泵的闭式回路	
高压系统 16～32MPa	如锻压机	初算时,回油腔压力可忽略

3. 拟定液压系统回路

1) 液压回路的选择

液压系统的回路有主回路(直接控制液压执行器的部分)和辅助回路(保持液压系统连续稳定地运行状态的部分)两大类,每一类中按照具体功能还可进一步详细分类,这些回路的具体结构形式可参阅有关手册。通常根据系统的技术要求及工况图,并参考这些现有成熟的各种回路进行选择。

根据图 3.21 所示的液压系统工作原理,磨头平衡油缸通过溢流阀 2 调整压力,通过蓄能器保持压力,从而平衡磨头重力;横梁油缸在横梁停止时,活塞进到上极限位置,锁住横梁,在横梁需要移动时,退到下极限位置,松开横梁。

(1) 横梁锁紧时,

进油路:液压泵—换向阀(右位)—锁紧液压缸下腔。

回油路:锁紧液压缸上腔—换向阀(右位)—油箱。

(2) 横梁松开时,

进油路:液压泵—换向阀(左位)—锁紧液压缸上腔。

回油路:锁紧液压缸下腔—换向阀(左位)—油箱。

2) 液压系统的合成

在选定了满足系统主要要求的主液压回路之后,再配上过滤、测压之类的辅助回路,即可将它们组合成一个完整的液压系统。

4. 计算选择液压元器件

1) 计算液压泵的工作压力

$$P_p \geqslant p_1 + \Delta p \qquad\qquad (3.15)$$

式中,P_p 为液压泵最大工作压力;Δp 为管路压力损失,这里取 $\Delta p = 1 \times 10^5$ Pa。

上面所计算的 P_p 是系统的静态压力,考虑到系统在各种工况的过渡阶段出现的动态压力往往超过静态压力,另外,还考虑到一定的压力储备,因此液压泵的额定压力 $P_n \geqslant (1.25 \sim 1.6)P_p$。因此本改造中 $P_n = 1.375$MPa。

2) 计算液压泵流量

考虑液压缸最大工作流量和回路的泄漏,液压泵流量为

$$Q_{泵} = kQ_{max} = kA_1(v_1 + v_2) \tag{3.16}$$

式中,k 为回路泄漏因素,这里取 1.2。

3) 选择液压泵规格型号

根据 P_p 和 $Q_{泵}$ 查阅液压泵规格型号表进行选择,选 CB-B10 型齿轮泵,主要技术参数如表 3.5 所示。

表 3.5　CB-B10 型齿轮泵的技术参数

型号规格	压力/MPa	排量/(mL/r)	转速/(r/min)	驱动功率/kW	容积效率/%	质量/kg
CB-B10	2.5	10	1450	0.51	$\geqslant 80$	3.5

第4章 改造机床的几何精度设计

提高加工精度是机床数控化改造必须要保证的关键性能指标,由于加工精度受到数控系统、改造机械零部件等诸多因素的影响,如果不进行精度的综合分析与控制,任何一项误差源都可能使零件加工精度超差。鉴于现在影响加工精度的一些数控技术已经取得了显著的进步,改造机械零部件的几何误差就成为主要的关注对象。统计表明,由零部件几何误差组成的机床空间误差占到加工误差的30%左右,为有效控制几何误差的影响,本章从精度建模、精度辨识、精度分配、精度预测方面对改造机床的几何精度进行设计,为保证改造机床的精度提供理论支持。

4.1 精度设计在提高改造机床精度中的作用

改造机床的精度主要受以下几个方面的影响,其中数控系统对精度的影响主要是:①伺服控制系统产生的伺服跟随误差;②数控插补算法产生的插补误差;③检测系统中产生的检测误差。改造机械结构对精度影响的主要因素是:①零部件在制造和装配时产生的几何误差,包括零件尺寸误差和装配误差;②零部件受热变形引起的热变形误差;③改造过程中机械结构的变动引起的刚度不足而产生的振动误差。针对这些影响改造机床精度的因素,目前通常采用的措施有单项误差控制和精度设计两类方法,下面分别介绍这两种方法的作用。

1. 单项误差控制

1) 伺服误差控制

对于数控加工,任意伺服轴运动轨迹的偏差都会产生轮廓加工误差,因此伺服控制系统不但要有很高的位置跟踪能力,还要有极高的可靠性和稳定性。目前伺服误差控制产生了开环控制和闭环控制两种不同方法,对于大多数的数控化改造机床,利用半闭环控制就能满足机床的加工精度要求。

2) 插补误差控制

插补误差取决于插补算法和系统分辨率,就目前的数控系统而言,插补误差均小于一个脉冲当量,对于由交流伺服电动机驱动的数控机床,插补误差的相对量很小,不是影响加工误差的主要因素,因此插补误差无需进行特殊的控制。

3) 检测误差控制

检测系统是闭环控制中必不可少的部分,为了满足各种不同的闭环控制及加工精度的需要,目前已有多种位置检测装置,如回转型的脉冲编码器、旋转变压器、圆感应同步器、圆光栅以及直线型的直线圆感应同步器、计数光栅等。合理选择与使用这些装置可以消除或减少检测误差,能够满足一般数控化改造机床的加工精度要求。

4) 几何误差控制

改造零部件的几何误差最终将反映在被加工工件的加工误差上,因此每一个改造零部件的几何误差都是关注的对象,尤其是其中关键零部件(主轴、丝杠和导轨)的几何精度对产品的加工精度起着决定性的影响。目前机床改造中最常采用的恢复几何精度的方法有:导轨重新进行磨削、刮研等机械加工,或采用电刷镀等技术修复导轨工作面的磨损;通过更换滚珠丝杠副提高传动精度,合理设计滚珠丝杠的支承形式,正确调整滚珠丝杠螺母副的预紧;采用更换主轴轴承的方法配合电刷镀工艺完成主轴精度的修复,要求较高时可直接更换主轴部件。

5) 热变形误差控制

由于旧机床改造时整体结构不可能进行大规模的更改,故在新机床设计时采用的热误差控制方法,如采用有限元方法分析热变形,以及应用热结构优化技术改善热态特性等在旧机床改造时不再适用。可行的方法主要有:对机床热变形进行试验研究,积累大量试验数据后,进行实用性改进;更新零部件本身,采用新工艺和新材料如复合材料、非金属材料等减小热变形的产生。

6) 振动误差控制

减少振动误差的措施是降低机床内部和外部振源的影响。数控化改造机床尤其需要注意的是,改造后的机床进行强力切削时,巨大的切削力引起的机床振动对加工精度的影响,在改造中减小振动较为有效的措施是合理选取切削参数和控制参数,采取合适的机床基础和隔振装置。

2. 精度设计

精度设计作为机械设计三大部分(结构设计、强度计算与校核、精度设计)中的一个重要组成部分,对于数控化改造机床的性能和质量的影响是不言而喻的。广泛的精度设计是指对决定机床总精度的误差整体状况进行科学的定性分析和定量分析,分析误差的来源和性质,研究误差的传递以及在传递过程中误差的相消和累积,寻求减小误差以至消除误差的途径,使得合成后的总误差为最小,满足机床改造后的最终精度要求。为满足数控化改造机床的精度需求,本书精度设计的基本内容是通过检测、分析等方法掌握改造机床中各项精度参数与整机精度之间的关系,建立精度模型,进行检测精度参数的辨识,从而按照现有的改造技术水平合理分配各项精度的大小,并实现改造前对加工精度的预测。

4.2　改造机床的几何精度建模

4.2.1　改造机床的一般运动模型

　　旧机床改造一般不会改变原机床的主要结构,只是对运动部件进行必要的改造,使其符合先进数控加工的要求。经过理论分析后发现,运动部件结构形式众多,以典型的三轴机床为例,就有 FXYZ 型、XFYZ 型、XZFY 型和 XYZF 型,其中"F"前面的字母表示工件分支相对机床床身的平动方向,"F"后面的字母表示刀具分支相对机床床身的平动方向,如"XFYZ"中"F"前的"X"表示工件所在的工作台相对机床床身可做沿 X 轴方向的平移运动,"F"后的"Y"、"Z"表示刀具所在的主轴箱相对机床床身可做沿 Y 轴和 Z 轴方向的平移运动。但这些形式都可以用图4.1中所示的线性部件和旋转部件的不同组合来加以概括。从中不难看出,虽然运动部件多,但是各部件之间只有单自由度的相对运动,适合采用多体系统运动学理论来建立改造机床的一般运动模型。

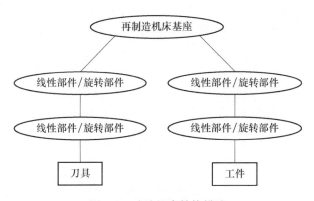

图 4.1　改造机床结构描述

　　如图 4.1 所示,图中左半部分代表由床身到刀具的分支,右半部分代表由床身到被加工工件的分支,通过分别在左右两分支内选择旋转轴和线性轴的不同组合形式,构成不同类型的机床结构。假设从床身到工件和刀具各三个体,则图 4.2 为其一般运动模型的多体描述。图中相邻体之间的位姿关系在理想情况下由体间位置矢量 Pjk 和姿态矢量 Sjk 构成;在有误差情况下,则由体间位置矢量 Pjk、位置误差矢量 $Pjke$、姿态矢量 Sjk 和姿态误差矢量 $Sjke$ 构成。

　　多体系统运动学理论的核心是拓扑结构关联关系的描述和运动学特征方程的描述。其基本原理是用低序体阵列方法描述多体系统拓扑结构的关联关系,建立广义坐标系,用 4×4 阶齐次矩阵来描述点或矢量在广义坐标系下的变换关系。

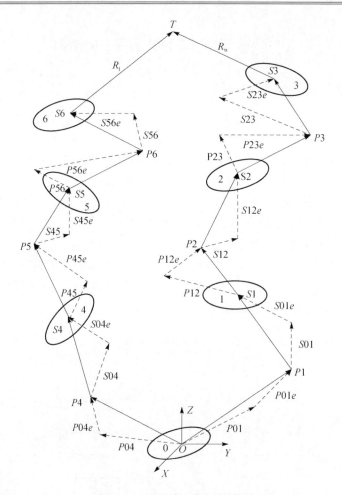

图 4.2　改造机床一般运动模型

1. 多体系统的拓扑结构描述

拓扑结构是对多体系统本质的高度提炼和概括,是研究多体系统的依据和基础。对多体系统拓扑结构的描述,是多体系统理论的基本问题。描述多体系统拓扑结构的基本方法有两种:一种是基于图论,主要运用关联矩阵和通路矩阵来实现对多体系统拓扑结构的描述;另一种是运用低序体阵列,它由休斯敦和刘又午在20世纪70年代后期创建。用低序阵列描述方法描述多体系统拓扑结构显得更简洁方便,它是一种适用于计算机编程描述多体系统的方法,因此下面应用拓扑结构的低序阵列描述。

考察图 4.3 所示的一般多体系统拓扑结构,设惯性参考系 R 为 B_0 体,任选一体为 B_1 体,然后沿着远离 B_1 体的方向,按自然增长数列,从一个分支到另一个分支,依次为各体编号,直至全部体标定完毕。

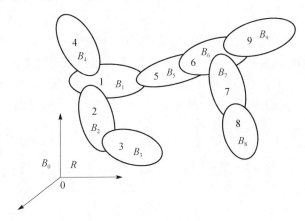

图 4.3　一般多体系统

设 K 为系统中任意典型体,J 为其相邻低序体,则 K 的 n 阶低序体的序号为

$$L^n(K) = J \tag{4.1}$$

式中,L 为低序体算子,它满足:

$$L^n(K) = L(L^{n-1}(K)) \tag{4.2}$$

式中,n 和 K 为自然数,且补充定义:

$$L^0(K) = K \tag{4.3}$$

$$L^n(0) = 0 \tag{4.4}$$

根据上述定义,将图 4.3 所示的多体系统拓扑结构的低序体阵列的计算结果列于表 4.1 中。低序体阵列 $L^n(K)$ 描述了多体系统的拓扑构造特点,揭示了系统中各体的连接构造关系,在 $L^1(K)$ 中未列出的序号对应于末端体,如图 4.3 中的 B_3、B_4、B_8、B_9;在 $L^1(K)$ 中重复出现的序号为分支体,如 B_1、B_6。除了末端体和分支体,其他物体称为中间体。这样,$L^n(K)$ 将各体联系起来。对于典型体 B_K,低序体阵列给出它及其所在分支的所有低序体序号。

表 4.1　多体系统的低序体阵列

K	1	2	3	4	5	6	7	8	9
$L^0(K)$	1	2	3	4	5	6	7	8	9
$L^1(K)$	0	1	2	1	1	5	6	7	6
$L^2(K)$	0	0	1	0	0	1	5	6	5
$L^3(K)$	0	0	0	0	0	0	1	5	1
$L^4(K)$	0	0	0	0	0	0	0	1	0
$L^5(K)$	0	0	0	0	0	0	0	0	0

2. 多体系统的坐标系设定及几何描述

在多体系统中,在惯性部件(体)B_0 和所有运动部件(体)B_K 上建立与其固定连接的右手直角笛卡儿三维坐标系,这些坐标系的集合称为广义坐标系,各体坐标系称为子坐标系。广义坐标系中的惯性体上的坐标系称为参考坐标系,其他运动体上的坐标系称为动坐标系,每个坐标系的三个正交基按右手螺旋法则分别定义为 X、Y、Z。

多体系统中的典型体 B_K 及其相邻低序体 B_J 如图 4.4 所示。首先建立广义坐标系,即在惯性体 B_0 和典型体 B_K 及其相邻低序体 B_J 上分别建立自己的体固定连接的静坐标系 $O_0X_0Y_0Z_0$ 和动坐标系 $O_KX_KY_KZ_K$、$O_JX_JY_JZ_J$,则点 O_K 相对点 O_J 的位置及其变化表征了典型体 B_K 相对于体 B_J 的平移运动状况,右旋正交基矢量组 $X_KY_KZ_K$ 相对右旋正交基矢量组 $X_JY_JZ_J$ 的姿态及其变化表征了典型体 B_K 相对于体 B_J 的旋转运动状况。这样典型体 B_K 相对于其相邻低序体 B_J 的位置和姿态等价于坐标系 $O_KX_KY_KZ_K$ 和 $O_JX_JY_JZ_J$ 的相对位置和姿态,因此可以将对多体系统中各体的研究转为对各体坐标系的研究,而任何坐标系 $O_KX_KY_KZ_K$ 都可以通过将坐标系 $O_JX_JY_JZ_J$ 作适当变换得到,从而方便了对多体系统运动学问题的研究。

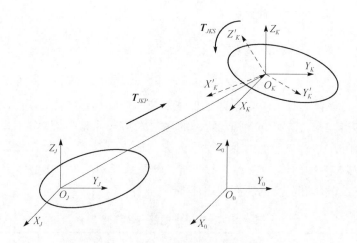

图 4.4　典型相邻体的几何描述

对于坐标系 $O_KX_KY_KZ_K$ 和 $O_JX_JY_JZ_J$,用矩阵 $\boldsymbol{T}_{JKP}$ 和矩阵 $\boldsymbol{T}_{JKS}$ 来分别描述空间点在各坐标系中的位置坐标变换和姿态坐标变换。矩阵采用 4×4 阶方阵,称其为齐次变换矩阵。把描述理想位姿的齐次矩阵称为理想运动特征矩阵,描述实际误差位姿的齐次矩阵称为误差运动特征矩阵。

3. 理想运动特征矩阵

1) 旋转运动特征矩阵

多体系统中的典型体 B_K 相对其相邻低序体 B_J 的理想转动等价于动坐标系 $O_K X_K Y_K Z_K$ 相对 $O_J X_J Y_J Z_J$ 的转动。在各种形式的旋转运动中，把分别绕坐标轴 X、Y、Z 的转动看成基本转动，如图 4.5 所示。而其他任何复杂形式的转动都可以由这三种基本转动合成得到，因此为了方便研究坐标系的相对运动，通常将坐标系之间的复杂转动分解为绕坐标轴 X、Y、Z 的三种基本旋转运动来研究，然后再用适当方法合成。下面研究坐标系 $O_K X_K Y_K Z_K$ 分别绕坐标系 $O_J X_J Y_J Z_J$ 的 X、Y、Z 轴转动的变换矩阵。

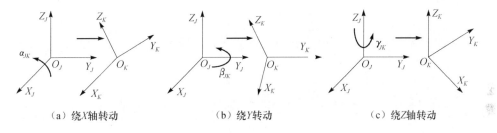

（a）绕 X 轴转动　　　　　　（b）绕 Y 轴转动　　　　　　（c）绕 Z 轴转动

图 4.5　坐标系的相对转动

设坐标系 $O_K X_K Y_K Z_K$ 由 $O_J X_J Y_J Z_J$ 绕其 X 轴旋转 α_{JK} 得到，则 $O_J X_J Y_J Z_J$ 至 $O_K X_K Y_K Z_K$ 的变换矩阵为

$$\boldsymbol{T}_{JKS}(X) = \begin{bmatrix} 1 & 0 & 0 & 0 \\ 0 & \cos\alpha_{JK} & -\sin\alpha_{JK} & 0 \\ 0 & \sin\alpha_{JK} & \cos\alpha_{JK} & 0 \\ 0 & 0 & 0 & 1 \end{bmatrix} \qquad (4.5)$$

设坐标系 $O_K X_K Y_K Z_K$ 由 $O_J X_J Y_J Z_J$ 绕其 Y 轴旋转 β_{JK} 得到，则 $O_J X_J Y_J Z_J$ 至 $O_K X_K Y_K Z_K$ 的变换矩阵为

$$\boldsymbol{T}_{JKS}(Y) = \begin{bmatrix} \cos\beta_{JK} & 0 & \sin\beta_{JK} & 0 \\ 0 & 1 & 0 & 0 \\ -\sin\beta_{JK} & 0 & \cos\beta_{JK} & 0 \\ 0 & 0 & 0 & 1 \end{bmatrix} \qquad (4.6)$$

设坐标系 $O_K X_K Y_K Z_K$ 由 $O_J X_J Y_J Z_J$ 绕其 Z 轴旋转 γ_{JK} 得到，则 $O_J X_J Y_J Z_J$ 至 $O_K X_K Y_K Z_K$ 的变换矩阵为

$$T_{JKS}(Z) = \begin{bmatrix} \cos\gamma_{JK} & -\sin\gamma_{JK} & 0 & 0 \\ \sin\gamma_{JK} & \cos\gamma_{JK} & 0 & 0 \\ 0 & 0 & 1 & 0 \\ 0 & 0 & 0 & 1 \end{bmatrix} \tag{4.7}$$

2) 平移运动特征矩阵

任意平移运动也可以分解为三个分别沿 X、Y、Z 轴的基本平移运动。设坐标系 $O_K X_K Y_K Z_K$ 由 $O_J X_J Y_J Z_J$ 沿其 X 轴平移 x_{JK} 得到,则 $O_J X_J Y_J Z_J$ 至 $O_K X_K Y_K Z_K$ 的变换矩阵为

$$T_{JKP}(X) = \begin{bmatrix} 1 & 0 & 0 & x_{JK} \\ 0 & 1 & 0 & 0 \\ 0 & 0 & 1 & 0 \\ 0 & 0 & 0 & 1 \end{bmatrix} \tag{4.8}$$

设坐标系 $O_K X_K Y_K Z_K$ 由 $O_J X_J Y_J Z_J$ 沿其 Y 轴平移 y_{JK} 得到,则 $O_J X_J Y_J Z_J$ 至 $O_K X_K Y_K Z_K$ 的变换矩阵为

$$T_{JKP}(Y) = \begin{bmatrix} 1 & 0 & 0 & 0 \\ 0 & 1 & 0 & y_{JK} \\ 0 & 0 & 1 & 0 \\ 0 & 0 & 0 & 1 \end{bmatrix} \tag{4.9}$$

设坐标系 $O_K X_K Y_K Z_K$ 由 $O_J X_J Y_J Z_J$ 沿其 Z 轴平移 z_{JK} 得到,则 $O_J X_J Y_J Z_J$ 至 $O_K X_K Y_K Z_K$ 的变换矩阵为

$$T_{JKP}(Z) = \begin{bmatrix} 1 & 0 & 0 & 0 \\ 0 & 1 & 0 & 0 \\ 0 & 0 & 1 & z_{JK} \\ 0 & 0 & 0 & 1 \end{bmatrix} \tag{4.10}$$

3) 理想运动合成特征矩阵

设坐标系 $O_K X_K Y_K Z_K$ 由 $O_J X_J Y_J Z_J$ 首先转动,然后平动得到,则 $O_J X_J Y_J Z_J$ 至 $O_K X_K Y_K Z_K$ 的理想变换矩阵为

$$
\begin{aligned}
T_{JKi} &= T_{JKS}(X)T_{JKS}(Y)T_{JKS}(Z)T_{JKP}(X)T_{JKP}(Y)T_{JKP}(Z) \\
&= \begin{bmatrix} c\beta_{JK}\,c\gamma_{JK} & -c\beta_{JK}\,s\gamma_{JK} & s\beta_{JK} & x_{JK} \\ c\beta_{JK}\,s\gamma_{JK} + s\alpha_{JK}\,s\beta_{JK}\,c\gamma_{JK} & c\alpha_{JK}\,c\gamma_{JK} - s\alpha_{JK}\,s\beta_{JK}\,s\gamma_{JK} & -s\gamma_{JK}\,c\beta_{JK} & y_{JK} \\ s\beta_{JK}\,s\gamma_{JK} - c\alpha_{JK}\,s\beta_{JK}\,c\gamma_{JK} & s\alpha_{JK}\,c\gamma_{JK} + c\alpha_{JK}\,s\beta_{JK}\,s\gamma_{JK} & c\alpha_{JK}\,c\beta_{JK} & z_{JK} \\ 0 & 0 & 0 & 1 \end{bmatrix}
\end{aligned}
$$

$$\tag{4.11}$$

式中,s 表示 sin( ),c 表示 cos( );矩阵 $\boldsymbol{T}_{JKi}$ 称为体间理想运动特征矩阵。

4. 误差运动特征矩阵

在实际条件下,相邻体之间的运动由于受到诸多内外部因素的影响,不可能按照理想状态进行。由于任意两物体之间存在 6 个自由度,因此在相对运动状态时,也会在 6 个自由度方向上产生运动误差。由前面的叙述可知,相邻体间任何运动都是上述 6 种基本运动的组合,因此只要知道每一种基本运动的运动误差,就能得到合成运动的误差。而基本运动的误差不难分析,以沿 X 轴平动为例,运动会产生与其运动量相关的 6 个自由度方向的误差,如图 4.6 所示。

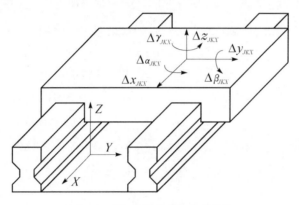

图 4.6　沿 X 轴平动的 6 项误差

将 6 项误差的变换矩阵称为误差运动特征矩阵。设典型体 B_K 相对相邻体 B_J 做沿 X 轴的平动过程中所产生 6 项基本误差分别为 $\Delta\alpha_{JKX}$、$\Delta\beta_{JKX}$、$\Delta\gamma_{JKX}$、Δx_{JKX}、Δy_{JKX}、Δz_{JKX},那么角误差 $\Delta\alpha_{JKX}$ 的变换矩阵为

$$\Delta\boldsymbol{T}_{JKPX}(\Delta\alpha_{JKX}) = \begin{bmatrix} 1 & 0 & 0 & 0 \\ 0 & \cos\Delta\alpha_{JKX} & -\sin\Delta\alpha_{JKX} & 0 \\ 0 & \sin\Delta\alpha_{JKX} & \cos\Delta\alpha_{JKX} & 0 \\ 0 & 0 & 0 & 1 \end{bmatrix} \tag{4.12}$$

角误差 $\Delta\beta_{JKX}$ 的变换矩阵为

$$\Delta\boldsymbol{T}_{JKPX}(\Delta\beta_{JKX}) = \begin{bmatrix} \cos\Delta\beta_{JKX} & 0 & \sin\Delta\beta_{JKX} & 0 \\ 0 & 1 & 0 & 0 \\ -\sin\Delta\beta_{JKX} & 0 & \cos\Delta\beta_{JKX} & 0 \\ 0 & 0 & 0 & 1 \end{bmatrix} \tag{4.13}$$

角误差 $\Delta\gamma_{JKX}$ 的变换矩阵为

$$\Delta\boldsymbol{T}_{JKPX}(\Delta\gamma_{JKX}) = \begin{bmatrix} \cos\Delta\gamma_{JKX} & -\sin\Delta\gamma_{JKX} & 0 & 0 \\ \sin\Delta\gamma_{JKX} & \cos\Delta\gamma_{JKX} & 0 & 0 \\ 0 & 0 & 1 & 0 \\ 0 & 0 & 0 & 1 \end{bmatrix} \tag{4.14}$$

而线误差 Δx_{JKX}、Δy_{JKX}、Δz_{JKX} 的变换矩阵为

$$\Delta\boldsymbol{T}_{JKPX}(\Delta x_{JKX},\Delta y_{JKX},\Delta z_{JKX}) = \begin{bmatrix} 1 & 0 & 0 & \Delta x_{JKX} \\ 0 & 1 & 0 & \Delta y_{JKX} \\ 0 & 0 & 1 & \Delta z_{JKX} \\ 0 & 0 & 0 & 1 \end{bmatrix} \tag{4.15}$$

考虑到当 $\Delta\alpha_{JKX}$、$\Delta\beta_{JKX}$、$\Delta\gamma_{JKX}$ 很小时，$\cos\Delta\alpha_{JKX} = \cos\Delta\beta_{JKX} = \cos\Delta\gamma_{JKX} \approx 1$，$\sin\Delta\alpha_{JKX} = \Delta\alpha_{JKX}$、$\sin\Delta\beta_{JKX} = \Delta\beta_{JKX}$、$\sin\Delta\gamma_{JKX} = \Delta\gamma_{JKX}$，假设误差按照 $\Delta\alpha_{JKX}$、$\Delta\beta_{JKX}$、$\Delta\gamma_{JKX}$、Δx_{JKX}、Δy_{JKX}、Δz_{JKX} 的先后顺序产生，则误差引起的综合变换矩阵为

$$\boldsymbol{T}_{JKPXe} = \Delta\boldsymbol{T}_{JKPX}(\Delta\alpha_{JKX})\Delta\boldsymbol{T}_{JKPX}(\Delta\beta_{JKX})\Delta\boldsymbol{T}_{JKPX}(\Delta\gamma_{JKX})\Delta\boldsymbol{T}_{JKPX}(\Delta x_{JKX},\Delta y_{JKX},\Delta z_{JKX})$$

$$= \begin{bmatrix} 1 & -\Delta\gamma_{JKX} & \Delta\beta_{JKX} \\ \Delta\gamma_{JKX}+\Delta\alpha_{JKX}\Delta\beta_{JKX} & 1-\Delta\alpha_{JKX}\Delta\beta_{JKX}\Delta\gamma_{JKX} & -\Delta\gamma_{JKX} \\ \Delta\beta_{JKX}\Delta\gamma_{JKX}-\Delta\beta_{JKX} & \Delta\alpha_{JKX}+\Delta\beta_{JKX}\Delta\gamma_{JKX} & 1 \\ 0 & 0 & 0 \end{bmatrix}$$

$$\begin{matrix} \Delta x_{JKX}-\Delta y_{JKX}\Delta\gamma_{JKX}+\Delta z_{JKX}\Delta\beta_{JKX} \\ \Delta y_{JKX}+\Delta x_{JKX}\Delta\gamma_{JKX}-\Delta z_{JKX}\Delta\alpha_{JKX} \\ \Delta z_{JKX}-\Delta x_{JKX}\Delta\beta_{JKX}+\Delta y_{JKX}\Delta\alpha_{JKX} \\ 1 \end{matrix}$$

$$\tag{4.16}$$

这里需要注意的是变换次序不能随意调换，因为矩阵乘法不满足交换律，所以沿 X 轴平动的误差运动特征矩阵 $\boldsymbol{T}_{JKPXe}$ 有 24 种不同的形式，由于 $\Delta\alpha_{JKX}$、$\Delta\beta_{JKX}$、$\Delta\gamma_{JKX}$、Δx_{JKX}、Δy_{JKX}、Δz_{JKX} 都是微小量，可将高阶微小量 $\Delta\alpha_{JKX}\Delta\beta_{JKX}$、$\Delta\alpha_{JKX}\Delta\beta_{JKX}\Delta\gamma_{JKX}$、$\Delta\alpha_{JKX}\Delta\gamma_{JKX}$、$\Delta\beta_{JKX}\Delta\gamma_{JKX}$、$\Delta y_{JKX}\Delta\gamma_{JKX}$、$\Delta z_{JKX}\Delta\beta_{JKX}$、$\Delta x_{JKX}\Delta\gamma_{JKX}$、$\Delta z_{JKX}\Delta\alpha_{JKX}$、$\Delta z_{JKX}\Delta\beta_{JKX}$ 和 $\Delta y_{JKX}\Delta\alpha_{JKX}$ 近似为 0，则 $\boldsymbol{T}_{JKPXe}$ 可统一为

$$\Delta\boldsymbol{T}_{JKPXe} = \begin{bmatrix} 1 & -\Delta\gamma_{JKX} & \Delta\beta_{JKX} & \Delta x_{JKX} \\ \Delta\gamma_{JKX} & 1 & -\Delta\alpha_{JKX} & \Delta y_{JKX} \\ -\Delta\beta_{JKX} & \Delta\alpha_{JKX} & 1 & \Delta z_{JKX} \\ 0 & 0 & 0 & 1 \end{bmatrix} \tag{4.17}$$

同理，可以得到沿 Y、Z 轴平动和绕 X、Y、Z 轴转动的各种特征矩阵，如表 4.2

所示。

表 4.2　相邻体做有误差相对运动时的理想运动特征矩阵和误差运动特征矩阵

运动方式	理想运动特征矩阵	误差运动特征矩阵
沿 X 轴平动	$T_{JKP}(X)=\begin{bmatrix} 1 & 0 & 0 & x_{JK} \\ 0 & 1 & 0 & 0 \\ 0 & 0 & 1 & 0 \\ 0 & 0 & 0 & 1 \end{bmatrix}$	$\Delta T_{JKPXe}=\begin{bmatrix} 1 & -\Delta\gamma_{JKPX} & \Delta\beta_{JKPX} & \Delta x_{JKPX} \\ \Delta\gamma_{JKPX} & 1 & -\Delta\alpha_{JKPX} & \Delta y_{JKPX} \\ -\Delta\beta_{JKPX} & \Delta\alpha_{JKPX} & 1 & \Delta z_{JKPX} \\ 0 & 0 & 0 & 1 \end{bmatrix}$
沿 Y 轴平动	$T_{JKP}(Y)=\begin{bmatrix} 1 & 0 & 0 & 0 \\ 0 & 1 & 0 & y_{JK} \\ 0 & 0 & 1 & 0 \\ 0 & 0 & 0 & 1 \end{bmatrix}$	$\Delta T_{JKPYe}=\begin{bmatrix} 1 & -\Delta\gamma_{JKPY} & \Delta\beta_{JKPY} & \Delta x_{JKPY} \\ \Delta\gamma_{JKPY} & 1 & -\Delta\alpha_{JKPY} & \Delta y_{JKPY} \\ -\Delta\beta_{JKPY} & \Delta\alpha_{JKPY} & 1 & \Delta z_{JKPY} \\ 0 & 0 & 0 & 1 \end{bmatrix}$
沿 Z 轴平动	$T_{JKP}(Z)=\begin{bmatrix} 1 & 0 & 0 & 0 \\ 0 & 1 & 0 & 0 \\ 0 & 0 & 1 & z_{JK} \\ 0 & 0 & 0 & 1 \end{bmatrix}$	$\Delta T_{JKPZe}=\begin{bmatrix} 1 & -\Delta\gamma_{JKPZ} & \Delta\beta_{JKPZ} & \Delta x_{JKPZ} \\ \Delta\gamma_{JKPZ} & 1 & -\Delta\alpha_{JKPZ} & \Delta y_{JKPZ} \\ -\Delta\beta_{JKPZ} & \Delta\alpha_{JKPZ} & 1 & \Delta z_{JKPZ} \\ 0 & 0 & 0 & 1 \end{bmatrix}$
绕 X 轴转动	$T_{JKS}(X)=\begin{bmatrix} 1 & 0 & 0 & 0 \\ 0 & \cos\alpha_{JK} & -\sin\alpha_{JK} & 0 \\ 0 & \sin\alpha_{JK} & \cos\alpha_{JK} & 0 \\ 0 & 0 & 0 & 1 \end{bmatrix}$	$\Delta T_{JKSXe}=\begin{bmatrix} 1 & -\Delta\gamma_{JKSX} & \Delta\beta_{JKSX} & \Delta x_{JKSX} \\ \Delta\gamma_{JKSX} & 1 & -\Delta\alpha_{JKSX} & \Delta y_{JKSX} \\ -\Delta\beta_{JKSX} & \Delta\alpha_{JKSX} & 1 & \Delta z_{JKSX} \\ 0 & 0 & 0 & 1 \end{bmatrix}$
绕 Y 轴转动	$T_{JKS}(Y)=\begin{bmatrix} \cos\beta_{JK} & 0 & \sin\beta_{JK} & 0 \\ 0 & 1 & 0 & 0 \\ -\sin\beta_{JK} & 0 & \cos\beta_{JK} & 0 \\ 0 & 0 & 0 & 1 \end{bmatrix}$	$\Delta T_{JKSYe}=\begin{bmatrix} 1 & -\Delta\gamma_{JKSY} & \Delta\beta_{JKSY} & \Delta x_{JKSY} \\ \Delta\gamma_{JKSY} & 1 & -\Delta\alpha_{JKSY} & \Delta y_{JKSY} \\ -\Delta\beta_{JKSY} & \Delta\alpha_{JKSY} & 1 & \Delta z_{JKSY} \\ 0 & 0 & 0 & 1 \end{bmatrix}$
绕 Z 轴转动	$T_{JKP}(Z)=\begin{bmatrix} \cos\gamma_{JK} & -\sin\gamma_{JK} & 0 & 0 \\ \sin\gamma_{JK} & \cos\gamma_{JK} & 0 & 0 \\ 0 & 0 & 1 & 0 \\ 0 & 0 & 0 & 1 \end{bmatrix}$	$\Delta T_{JKSZe}=\begin{bmatrix} 1 & -\Delta\gamma_{JKSZ} & \Delta\beta_{JKSZ} & \Delta x_{JKSZ} \\ \Delta\gamma_{JKSZ} & 1 & -\Delta\alpha_{JKSZ} & \Delta y_{JKSZ} \\ -\Delta\beta_{JKSZ} & \Delta\alpha_{JKSZ} & 1 & \Delta z_{JKSZ} \\ 0 & 0 & 0 & 1 \end{bmatrix}$

5. 实际运动特征矩阵

综上所述，在有误差的情况下，典型体 B_K 相对其相邻低序体 B_J 的实际位姿特征矩阵由下式给出：

$$T_{JKa} = T_{JKP}(X)\Delta T_{JKPXe}T_{JKS}(X)\Delta T_{JKSXe}T_{JKP}(Y)\Delta T_{JKPYe}$$
$$\times T_{JKS}(Y)\Delta T_{JKSYe}T_{JKP}(Z)\Delta T_{JKPZe}T_{JKS}(Z)\Delta T_{JKSZe} \qquad (4.18)$$

式中，T_{JKa} 为体间实际位姿矩阵。

4.2.2　典型改造机床的精度建模

　　下面以典型的四轴三联动机床为研究对象进行精度建模,它的 X、Y 和 Z 三个方向的部件都进行了改造,结构如图 4.7 所示。

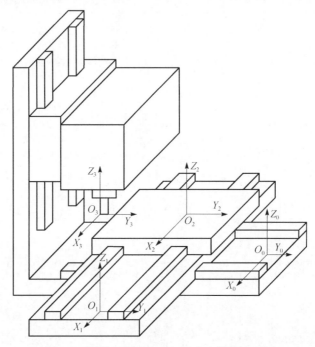

图 4.7　四轴三联动立式加工中心结构示意图

　　根据多体系统理论,设该机床床身为惯性体 B_0,Y 向滑鞍为 B_1 体,X 向工作台为 B_2 体,Z 向主轴箱为 B_3 体。机床拓扑结构如图 4.8 所示,运动部件低序体阵

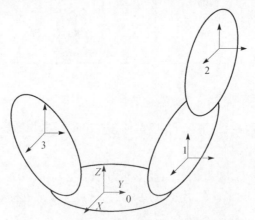

图 4.8　四轴三联动立式加工中心拓扑结构

列如表 4.3 所示。在惯性体 B_0 上建立与体固定连接的静坐标系 $O_0X_0Y_0Z_0$，在 B_1、B_2、B_3 上分别建立与体固定连接的动坐标系 $O_1X_1Y_1Z_1$、$O_2X_2Y_2Z_2$、$O_3X_3Y_3Z_3$。相邻运动部件之间只有平移运动，相邻体之间的理想运动特征矩阵和误差运动特征矩阵如表 4.4 所示。

表 4.3　运动部件的低序体阵列

K	1	2	3
$L^0(K)$	1	2	3
$L^1(K)$	0	1	0
$L^2(K)$	0	0	0

表 4.4　机床理想运动特征矩阵及误差运动特征矩阵

相邻体	体间理想运动特征矩阵	体间误差运动特征矩阵
0-1	$T_{01P} = \begin{bmatrix} 1 & 0 & 0 & O_{01X} \\ 0 & 1 & 0 & y+O_{01Y} \\ 0 & 0 & 1 & O_{01Z} \\ 0 & 0 & 0 & 1 \end{bmatrix}$	$\Delta T_{01Pe} = \begin{bmatrix} 1 & -\varepsilon_Z(y) & \varepsilon_Y(y) & \delta_X(y)+y\eta_{XY} \\ \varepsilon_Z(y) & 1 & -\varepsilon_X(y) & \delta_Y(y) \\ -\varepsilon_Y(y) & \varepsilon_X(y) & 1 & \delta_Z(y)+y\eta_{YZ} \\ 0 & 0 & 0 & 1 \end{bmatrix}$
0-3	$T_{03P} = \begin{bmatrix} 1 & 0 & 0 & O_{03X} \\ 0 & 1 & 0 & O_{03Y} \\ 0 & 0 & 1 & z+O_{03Z} \\ 0 & 0 & 0 & 1 \end{bmatrix}$	$\Delta T_{03Pe} = \begin{bmatrix} 1 & -\varepsilon_Z(z) & \varepsilon_Y(z) & \delta_X(z)+z\eta_{ZX} \\ \varepsilon_Z(z) & 1 & -\varepsilon_X(z) & \delta_Y(z)+z\eta_{YZ} \\ -\varepsilon_Y(z) & \varepsilon_X(z) & 1 & \delta_Z(z) \\ 0 & 0 & 0 & 1 \end{bmatrix}$
1-2	$T_{12P} = \begin{bmatrix} 1 & 0 & 0 & x+O_{12X} \\ 0 & 1 & 0 & O_{12Y} \\ 0 & 0 & 1 & O_{12Z} \\ 0 & 0 & 0 & 1 \end{bmatrix}$	$\Delta T_{12Pe} = \begin{bmatrix} 1 & -\varepsilon_Z(x) & \varepsilon_Y(x) & \delta_X(x) \\ \varepsilon_Z(x) & 1 & -\varepsilon_X(x) & \delta_Y(x)+x\eta_{XY} \\ -\varepsilon_Y(x) & \varepsilon_X(x) & 1 & \delta_Z(x)+x\eta_{ZX} \\ 0 & 0 & 0 & 1 \end{bmatrix}$

表 4.4 中，O_{01X}、O_{01Y}、O_{01Z} 为坐标系原点 O_1 相对于坐标系原点 O_0 在 X、Y、Z 方向的初始位置偏移；y 为工作台沿 Y 方向到达的坐标值；O_{03X}、O_{03Y}、O_{03Z} 为坐标系原点 O_3 相对于坐标系原点 O_0 在 X、Y、Z 方向的初始位置偏移；z 为工作台在 Z 方向到达的坐标值；O_{12X}、O_{12Y}、O_{12Z} 为坐标系原点 O_2 相对于坐标系原点 O_1 在 X、Y、Z 方向的初始位置偏移；x 为工作台沿 X 方向到达的坐标值。$\delta_X(x)$、$\delta_Y(x)$、$\delta_Z(x)$ 和 $\varepsilon_X(x)$、$\varepsilon_Y(x)$、$\varepsilon_Z(x)$ 分别表示 X 向工作台运动时产生的 3 个线误差和 3 个角误差；$\delta_X(y)$、$\delta_Y(y)$、$\delta_Z(y)$ 和 $\varepsilon_X(y)$、$\varepsilon_Y(y)$、$\varepsilon_Z(y)$ 分别表示 Y 向滑鞍运动时产生的 3 个线误差和 3 个角误差；$\delta_X(z)$、$\delta_Y(z)$、$\delta_Z(z)$ 和 $\varepsilon_X(z)$、$\varepsilon_Y(z)$、$\varepsilon_Z(z)$ 分别表示 Z 向主轴箱运动时产生的 3 个线误差和 3 个角误差；η_{XY}、η_{YZ}、η_{ZX} 分别表示 X 轴线与 Y 轴线、Y 轴线与 Z 轴线、Z 轴线与 X 轴线之间的垂直度误差。

设 Δx、Δy、Δz 为换算到静坐标系中的空间几何误差分量，(T_X, T_Y, T_Z) 为刀

尖在 $O_3X_3Y_3Z_3$ 中的坐标,(W_X,W_Y,W_Z) 为工件上被加工点在 $O_2X_2Y_2Z_2$ 中的坐标,刀尖、工件上待加工点的矢量分别为:$\boldsymbol{T}_T=[T_X,T_Y,T_Z,1]^T$,$\boldsymbol{T}_W=[W_X,W_Y,W_Z,1]^T$。

当机床做理想运动时,刀尖在工件坐标系 $O_2X_2Y_2Z_2$ 中的坐标,即工件上被加工点的理想坐标为

$$\boldsymbol{T}_{Wideal}=[\boldsymbol{T}_{01P}\boldsymbol{T}_{12P}]^{-1}\boldsymbol{T}_{03P}\boldsymbol{T}_T \tag{4.19}$$

而当机床做实际有误差运动时,刀尖在工件坐标系 $O_2X_2Y_2Z_2$ 中的坐标,即工件上被加工点的实际坐标为

$$\boldsymbol{T}_{Wactual}=[\boldsymbol{T}_{01P}\Delta\boldsymbol{T}_{01Pe}\boldsymbol{T}_{12P}\Delta\boldsymbol{T}_{12Pe}]^{-1}\boldsymbol{T}_{03P}\Delta\boldsymbol{T}_{03Pe}\boldsymbol{T}_T \tag{4.20}$$

理想坐标与实际坐标在静坐标系 $O_0X_0Y_0Z_0$ 中的偏差量为

$$\boldsymbol{E}=\begin{bmatrix}\Delta x & \Delta y & \Delta z & 0\end{bmatrix}^T=[\boldsymbol{T}_{Wideal}-\boldsymbol{T}_{Wactual}][\boldsymbol{T}_{01P}\Delta\boldsymbol{T}_{01Pe}\boldsymbol{T}_{12P}\Delta\boldsymbol{T}_{12Pe}]^{-1}$$
$$\tag{4.21}$$

利用 MATLAB 编程计算,可得由于零部件误差造成的机床三个方向的空间几何误差为

$$\begin{aligned}
\Delta x =& -\delta_X(x)-\delta_X(y)-y\eta_{XY}+\delta_X(z)+z\eta_{ZX}\\
&-[O_{21Z}+\delta_Z(x)+x\eta_{ZX}]\varepsilon_Y(y)+[O_{21Y}+\delta_Y(x)+x\eta_{XY}]\varepsilon_Z(y)\\
&-T_Y\varepsilon_Z(z)-(O_{10Z}-O_{21Z}+O_{30Z}+T_Z+z)[\varepsilon_Y(y)+\varepsilon_Y(x)+\varepsilon_X(x)\varepsilon_Z(y)]\\
&-(-O_{10Y}-O_{21Y}+O_{30Y}+T_Y-y)[\varepsilon_X(x)\varepsilon_Y(y)-\varepsilon_Z(y)-\varepsilon_Z(x)]\\
&-(-O_{10X}-O_{21X}+O_{30X}+T_X-x)[\varepsilon_Y(y)\varepsilon_Y(x)+\varepsilon_Z(y)\varepsilon_X(x)]\\
&+T_Z\varepsilon_Y(z)
\end{aligned} \tag{4.22}$$

$$\begin{aligned}
\Delta y =& -\delta_Y(x)-x\eta_{XY}-\delta_Y(y)+\delta_Y(z)+z\eta_{YZ}\\
&+[O_{21Z}+\delta_Z(x)+x\eta_{ZX}]\varepsilon_X(y)-[O_{21X}+x+\delta_X(x)]\varepsilon_Z(y)+T_X\varepsilon_Z(z)\\
&-(-O_{10Z}-O_{21Z}+O_{30Z}+T_Z+z)[-\varepsilon_X(y)-\varepsilon_X(x)+\varepsilon_Y(x)\varepsilon_Z(y)]\\
&-(-O_{10X}-O_{21X}+O_{30X}+T_X-x)[\varepsilon_X(y)\varepsilon_Y(x)+\varepsilon_Z(y)+\varepsilon_Z(x)]\\
&-(-O_{10Y}-O_{21Y}+O_{30Y}+T_Y-y)[\varepsilon_X(y)\varepsilon_X(x)+\varepsilon_Z(y)\varepsilon_Z(x)]\\
&-T_Z\varepsilon_X(z)
\end{aligned} \tag{4.23}$$

$$\begin{aligned}
\Delta z =& -\delta_Z(x)-x\eta_{ZX}-\delta_Z(y)-y\eta_{YZ}+\delta_Z(z)\\
&-[O_{21Y}+\delta_Y(x)+x\eta_{XY}]\varepsilon_X(y)+[O_{21X}+x+\delta_X(x)]\varepsilon_Y(y)\\
&-(-O_{10X}-O_{21X}+O_{30X}+T_X-x)[-\varepsilon_Y(y)-\varepsilon_Y(x)+\varepsilon_X(y)\varepsilon_Z(x)]\\
&-(-O_{10Y}-O_{21Y}+O_{30Y}+T_Y-y)[\varepsilon_X(y)+\varepsilon_X(x)+\varepsilon_Y(y)\varepsilon_Z(x)]\\
&-(-O_{10Z}-O_{21Z}+O_{30Z}+T_Z+z)[\varepsilon_X(y)\varepsilon_X(x)+\varepsilon_Y(y)\varepsilon_Y(x)]\\
&+T_Y\varepsilon_X(z)-T_X\varepsilon_Y(z)
\end{aligned} \tag{4.24}$$

式(4.22)、式(4.23)、式(4.24)即为四轴三联动改造机床的几何精度模型。但是要根据该模型分析改造机床的空间几何误差与各个零部件误差之间的关系,还必须进行基本几何误差参数的辨识,由零部件几何精度参数辨识出上述模型中的21项基本几何误差数据。然后才能利用该模型,一方面可以进行精度预测,由零部件的几何精度预测改造机床的空间几何误差;另一方面能够分析各改造零部件几何精度对整体空间几何误差的影响,从而在改造过程中对主要误差项进行控制和调整,保证最终的加工误差满足要求。由此可见,改造机床的几何精度建模是旧机床改造方案的制订和精度设计的基础环节。

4.3 改造零部件的误差参数检测与辨识

4.3.1 改造零部件误差参数检测

机床改造必须进行零部件的精度修复或更新,以适应数控加工的要求。涉及的零部件主要是导轨和传动丝杠副,它们的几何误差对空间误差的影响最大,因此这些误差必须在改造的过程中加以控制。

导轨的作用在于控制运动部件的五个自由度,使其仅沿需要的方向运动。在导轨的各个表面中,和运动部件接触直接起引导作用的表面称"基准导轨面";和压板或镶条接触,起承受切削力作用的表面称"辅助导轨面"。基准导轨面是保证运动部件运动方向精度的基准,也是机床一系列几何精度的基准。保证运动部件运动的方向精度,包含两方面的意义:首先是运动部件的运动轨迹偏离理想直线的程度,这取决于导轨的直线度,通常是在垂直面内和水平面内分别加以控制;其次是运动部件在运动过程中的倾斜,这取决于两根导轨在垂直面内的平行度。所以在改造的过程中需要控制的精度参数是指以下三项:①垂直面内的直线度,它控制运动部件在运动过程中的高低起伏;②水平面内的直线度,它控制运动部件在运动过程中的左右弯曲;③垂直平面内的平行度,它控制运动部件在运动过程中的倾斜。

传动丝杠副作为进给传动的重要部件,决定了运动部件的定位精度和重复定位精度,因此丝杠副本身的螺距制造误差也就成了影响加工精度的主要因素。机床数控化改造时,一般都将已经磨损的丝杠副换成新的滚珠丝杠副,以适应数控加工的精度高、相应速度快的要求。滚珠丝杠副属于精密产品,均由专业厂家生产制造,其精度也由专用设备检测。国内制造滚珠丝杠副的知名企业有南京工艺装配厂、汉江机床厂等。所以传动丝杠副的制造精度可以由用户向厂家提出要求,由供货方予以控制和保证。

1. 导轨的直线度和平行度误差检测

导轨的直线度误差可用机械式千分表与高精度方箱配合使用检测。直线度误差是相对于理想直线而确定的,理想直线就是"基准"。基准的位置不同,误差的数值也不同。测量基准的位置一般是可以任意选择的。而评定基准在生产现场一般以两端连线作为评定基准,这样做的主要优点是直观和数据处理简单。两端连线一般还作为导轨"凸"或"凹"的分界线,即以两端连线之上的部分作为凸,以两端连线之下的部分作为凹。在实际修复过程中,无论是采用磨削还是手工刮研,大多数都是呈单纯凸或单纯凹的状态。具体检测过程是:通过调整使千分表在导轨两端的读数相同,移动千分表,千分表在全部行程上读数的最大差值就是直线度的误差。直线度检测简图如图 4.9 所示。参照 JB/T 7175.2—93,不同长度不同精度等级的导轨,其允许误差如表 4.5 所示。

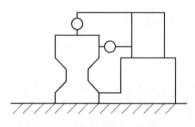

图 4.9　直线度检测简图

表 4.5　直线度允许误差简表　　　　　　　（单位：μm）

导轨长度/mm	精度等级			
	2	3	4	5
≤500	4	8	14	20
500～1000	6	10	17	25
1000～1500	8	13	20	30
1500～2000	9	15	22	32
2000～2500	11	17	24	34
2500～3000	12	18	26	36
3000～3500	13	20	28	38
3500～4000	15	22	30	40

导轨的平行度误差即导轨绕运动轴线的倾斜,也就是通常所说的"扭曲度"。对此项误差的测量比较简单,一般采用水平仪,如图 4.10 所示。将水平仪横放在桥板上,移动桥板,在导轨的全部行程上等距的至少记录三个读数,全部行程上读数的最大代数差,就是平行度的误差。参照 JB 2314—78,普通精度等级机床的平行度允许误差如表 4.6 所示。

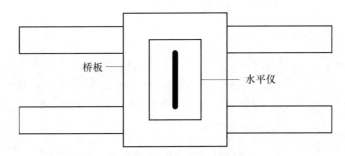

图 4.10   平行度误差检测简图

表 4.6   平行度误差简表

精度等级	2	3	4	5
允许误差/rad	0.00002	0.00003	0.00004	0.00005

2. 传动丝杠副的制造误差检测

丝杠副制造误差的检验项目涉及较多,包括:①任意 300mm 行程内行程变动量 V_{300P};②$2\pi$ 弧度内行程变动量 $V_{2\pi P}$;③有效行程内平均行程偏差 e_P;④有效行程内行程变动量 V_{UP},它们的几何意义如图 4.11 所示。一般丝杠的制造误差可用丝杠 300mm 内的行程变动量表示。由于传动丝杠副一般采取更换的措施,新丝杠的精度数据可从产品说明书中直接得到,所以传动丝杠副的制造误差由所选丝杠副的精度等级决定。机械设计手册中收录的南京工艺装配厂的丝杠精度参数如表 4.7 所示。

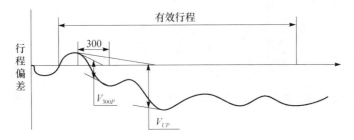

图 4.11   丝杠精度几何意义示意图

表 4.7   丝杠精度参数简表

精度等级	2	3	4	5
V_{300P}/mm	0.008	0.012	0.016	0.023
$V_{2\pi P}$/mm	0.005	0.006	0.007	0.008

4.3.2　基本几何误差的辨识

机床改造后,由于本身机械零部件几何误差的影响,运动时会产生 21 项基本几何误差,见表 4.8。基本几何误差在机床改造完成之前是难于直接测量得到的,因此通过已知的或易于检测的零部件精度参数辨识出运动时的基本几何误差就显得十分重要。下面具体说明误差辨识原理。

表 4.8　21 项基本几何误差

误差性质	线位移误差			转角误差		
运动方向	沿 X	沿 Y	沿 Z	绕 X	绕 Y	绕 Z
X	$\delta_X(x)$	$\delta_Y(x)$	$\delta_Z(x)$	$\varepsilon_X(x)$	$\varepsilon_Y(x)$	$\varepsilon_Z(x)$
Y	$\delta_X(y)$	$\delta_Y(y)$	$\delta_Z(y)$	$\varepsilon_X(y)$	$\varepsilon_Y(y)$	$\varepsilon_Z(y)$
Z	$\delta_X(z)$	$\delta_Y(z)$	$\delta_Z(z)$	$\varepsilon_X(z)$	$\varepsilon_Y(z)$	$\varepsilon_Z(z)$
垂直度	η_{XY}		η_{YZ}		η_{ZX}	

改造零部件被检测的误差参数有:X 向导轨垂直面内的直线度误差 $\Delta e_1(x)$,X 向导轨水平面内的直线度误差 $\Delta e_2(x)$,X 向导轨的平行度误差 $\Delta e_3(x)$,X 向丝杠 300mm 内的行程变动量 $V_{300P}(x)$,同样,Y 向和 Z 向部件也分别各有 4 项误差参数:$\Delta e_1(y)$、$\Delta e_2(y)$、$\Delta e_3(y)$、$V_{300P}(y)$ 和 $\Delta e_1(z)$、$\Delta e_2(z)$、$\Delta e_3(z)$、$V_{300P}(z)$。

沿运动坐标轴线方向的线位移误差 $\delta_X(x)$、$\delta_Y(y)$、$\delta_Z(z)$ 为运动部件的定位误差,主要由丝杠本身的制造精度和进给力与摩擦力作用下各环节的弹性变形组成,包括滚珠丝杠螺母间的接触变形、丝杠的拉压变形、轴承的轴向变形和联轴器的扭转变形等。根据研究,定位精度一般可取丝杠精度的两倍,表示为

$$\delta_X(x) = 2V_{300P}(x) \tag{4.25}$$

$$\delta_Y(y) = 2V_{300P}(y) \tag{4.26}$$

$$\delta_Z(z) = 2V_{300P}(z) \tag{4.27}$$

在运动坐标轴线垂直面内的线位移误差 $\delta_Z(x)$、$\delta_Z(y)$、$\delta_Y(z)$ 主要由导轨在垂直面内的直线度误差所决定,可表示为

$$\delta_Z(x) = \Delta e_1(x) \tag{4.28}$$

$$\delta_Z(y) = \Delta e_1(y) \tag{4.29}$$

$$\delta_Y(z) = \Delta e_1(z) \tag{4.30}$$

在运动坐标水平面内的线位移误差 $\delta_Y(x)$、$\delta_X(y)$、$\delta_X(z)$ 主要由导轨在水平面内的直线度误差所决定,可表示为

$$\delta_Y(x) = \Delta e_2(x) \tag{4.31}$$

$$\delta_X(y) = \Delta e_2(y) \tag{4.32}$$

$$\delta_X(z) = \Delta e_2(z) \tag{4.33}$$

滚转角误差 $\varepsilon_X(x)$、$\varepsilon_Y(y)$、$\varepsilon_Z(z)$ 反映了运动部件绕运动坐标的倾斜,主要由导轨的平行度误差所决定,可表示为

$$\varepsilon_X(x) = \Delta e_3(x) \tag{4.34}$$

$$\varepsilon_Y(y) = \Delta e_3(y) \tag{4.35}$$

$$\varepsilon_Z(z) = \Delta e_3(z) \tag{4.36}$$

颠簸角误差 $\varepsilon_Y(x)$、$\varepsilon_X(y)$、$\varepsilon_X(z)$ 是床身导轨在垂直面内直线度误差的反映,而且还和运动部件的长度有关,如图 4.12(a)所示,其大小由导轨垂直面内的直线度误差和运动部件的长度共同决定,可表示为

$$\varepsilon_Y(x) = \frac{\Delta e_1(x)}{L(x)} \tag{4.37}$$

$$\varepsilon_X(y) = \frac{\Delta e_1(y)}{L(y)} \tag{4.38}$$

$$\varepsilon_X(z) = \frac{\Delta e_1(z)}{L(z)} \tag{4.39}$$

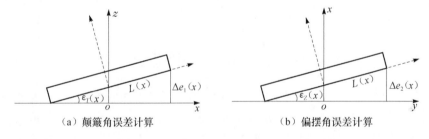

（a）颠簸角误差计算　　　　　　　　　　（b）偏摆角误差计算

图 4.12　转角误差计算

偏摆角误差 $\varepsilon_Z(x)$、$\varepsilon_Z(y)$、$\varepsilon_Y(z)$ 是床身导轨在水平面内直线度误差的反映,也和运动部件的长度有关,如图 4.12(b)所示,其大小也由导轨水平面内的直线度误差和运动部件的长度共同决定,可表示为

$$\varepsilon_Z(x) = \frac{\Delta e_2(x)}{L(x)} \tag{4.40}$$

$$\varepsilon_Z(y) = \frac{\Delta e_2(y)}{L(y)} \tag{4.41}$$

$$\varepsilon_Y(z) = \frac{\Delta e_2(z)}{L(z)} \tag{4.42}$$

式(4.40)~式(4.42)中的 $L(x)$、$L(y)$ 和 $L(z)$ 分别表示 x、y 和 z 向运动部件的

长度。

运动部件的三项垂直度误差可以通过导轨的直线度误差辨识出来,计算原理如图 4.13 所示。规定两轴夹角大于 90°的垂直度误差为正,计算公式表示为

$$\alpha_1 = \arctan \frac{\Delta e_1(x)}{a(x)} \quad \alpha_2 = \arctan \frac{\Delta e_1(y)}{a(y)} \quad \eta_{XY} = \alpha_2 - \alpha_1 \quad (4.43)$$

$$\beta_1 = \arctan \frac{\Delta e_2(y)}{a(y)} \quad \beta_2 = \arctan \frac{\Delta e_2(z)}{a(z)} \quad \eta_{YZ} = \beta_2 - \beta_1 \quad (4.44)$$

$$\gamma_1 = \arctan \frac{\Delta e_1(z)}{a(z)} \quad \gamma_2 = \arctan \frac{\Delta e_2(x)}{a(x)} \quad \eta_{ZX} = \gamma_2 - \gamma_1 \quad (4.45)$$

式中,$a(x)$、$a(y)$、$a(z)$分别为 x、y、z 向导轨的长度。

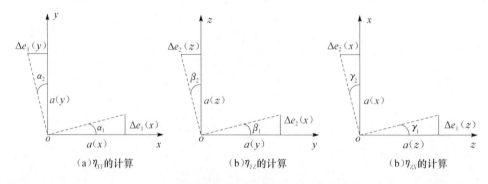

图 4.13　垂直度误差计算

下面结合实例进一步说明误差辨识内容,X、Y、Z 三个方向的运动部件和导轨的长度见表 4.9。坐标系原点的初始偏置见表 4.10。按照立式加工中心的检验标准 GB/T 17421.1—1998 和 JB/T 8772.1—1998 检定的导轨和传动丝杠副的精度参数见表 4.11。误差辨识后的数据见表 4.12。

表 4.9　运动部件和导轨的长度　　　　（单位:mm）

$L(x)$	$L(y)$	$L(z)$	$a(x)$	$a(y)$	$a(z)$
780	520	520	1600	1030	1030

表 4.10　坐标系原点的初始偏置　　　　（单位:mm）

坐标系原点	X 方向	Y 方向	Z 方向
O_{10}	400	0	250
O_{21}	0	0	250
O_{30}	0	−510	1150

表 4.11　再制造零部件精度参数

精度参数	检定值	精度参数	检定值
$\Delta e_1(x)/\text{mm}$	0.015	$\Delta e_3(y)/\text{rad}$	0.00003
$\Delta e_2(x)/\text{mm}$	0.015	$V_{300P}(y)/\text{mm}$	0.008
$\Delta e_3(x)/\text{rad}$	0.00003	$\Delta e_1(z)/\text{mm}$	0.010
$V_{300P}(x)/\text{mm}$	0.012	$\Delta e_2(z)/\text{mm}$	0.010
$\Delta e_1(y)/\text{mm}$	0.010	$\Delta e_3(z)/\text{rad}$	0.00003
$\Delta e_2(y)/\text{mm}$	0.010	$V_{300P}(z)/\text{mm}$	0.008

表 4.12　辨识后的基本误差

基本误差	辨识值	基本误差	辨识值	基本误差	辨识值
$\delta_X(x)/\text{mm}$	0.024	$\delta_X(y)/\text{mm}$	0.010	$\delta_X(z)/\text{mm}$	0.010
$\delta_Y(x)/\text{mm}$	0.015	$\delta_Y(y)/\text{mm}$	0.016	$\delta_Y(z)/\text{mm}$	0.010
$\delta_Z(x)/\text{mm}$	0.015	$\delta_Z(y)/\text{mm}$	0.010	$\delta_Z(z)/\text{mm}$	0.016
$\varepsilon_X(x)/\text{rad}$	0.00003	$\varepsilon_X(y)/\text{rad}$	0.00002	$\varepsilon_X(z)/\text{rad}$	0.00002
$\varepsilon_Y(x)/\text{rad}$	0.00002	$\varepsilon_Y(y)/\text{rad}$	0.00003	$\varepsilon_Y(z)/\text{rad}$	0.00002
$\varepsilon_Z(x)/\text{rad}$	0.00002	$\varepsilon_Z(y)/\text{rad}$	0.00002	$\varepsilon_Z(z)/\text{rad}$	0.00003
η_{XY}/rad	0	η_{YZ}/rad	0	η_{ZX}/rad	0

4.3.3　误差辨识的验证

针对某四轴三联动立式加工中心进行误差辨识的验证实验,检验由该辨识法计算得到的机床空间几何误差的准确性,机床的结构及坐标系的设置如图 4.7 所示。

1. 误差参数的检定及辨识

经现场测量,X、Y、Z 三个方向的运动部件和导轨的长度见表 4.13,坐标系原点的初始偏置见表 4.14。按照立式加工中心的检验标准 GB/T 17421.1—1998 和 JB/T 8772.1—1998 检定的导轨和传动丝杠副的精度参数见表 4.15。误差辨识后的数据见表 4.16。

表 4.13　运动部件和导轨的长度　　　　　（单位:mm）

$L(x)$	$L(y)$	$L(z)$	$a(x)$	$a(y)$	$a(z)$
780	520	520	1600	1030	1030

表 4.14　坐标系原点的初始偏置　　　　　　　　　　　　（单位:mm)

坐标系原点	X 方向	Y 方向	Z 方向
O_{10}	400	0	250
O_{21}	0	0	250
O_{30}	0	-510	1150

表 4.15　被改造零部件精度参数值

精度参数	检定值	精度参数	检定值
$\Delta e_1(x)/\text{mm}$	0.015	$\Delta e_3(y)/\text{rad}$	0.00003
$\Delta e_2(x)/\text{mm}$	0.015	$V_{300P}(y)/\text{mm}$	0.008
$\Delta e_3(x)/\text{rad}$	0.00003	$\Delta e_1(z)/\text{mm}$	0.010
$V_{300P}(x)/\text{mm}$	0.012	$\Delta e_2(z)/\text{mm}$	0.010
$\Delta e_1(y)/\text{mm}$	0.010	$\Delta e_3(z)/\text{rad}$	0.00003
$\Delta e_2(y)/\text{mm}$	0.010	$V_{300P}(z)/\text{mm}$	0.008

表 4.16　辨识后的基本误差值

基本误差	辨识值	基本误差	辨识值	基本误差	辨识值
$\delta_X(x)/\text{mm}$	0.024	$\delta_X(y)/\text{mm}$	0.010	$\delta_X(z)/\text{mm}$	0.010
$\delta_Y(x)/\text{mm}$	0.015	$\delta_Y(y)/\text{mm}$	0.016	$\delta_Y(z)/\text{mm}$	0.010
$\delta_Z(x)/\text{mm}$	0.015	$\delta_Z(y)/\text{mm}$	0.010	$\delta_Z(z)/\text{mm}$	0.016
$\varepsilon_X(x)/\text{rad}$	0.00003	$\varepsilon_X(y)/\text{rad}$	0.00002	$\varepsilon_X(z)/\text{rad}$	0.00002
$\varepsilon_Y(x)/\text{rad}$	0.00002	$\varepsilon_Y(y)/\text{rad}$	0.00003	$\varepsilon_Y(z)/\text{rad}$	0.00002
$\varepsilon_Z(x)/\text{rad}$	0.00002	$\varepsilon_Z(y)/\text{rad}$	0.00002	$\varepsilon_Z(z)/\text{rad}$	0.00003
η_{XY}/rad	0	η_{YZ}/rad	0	η_{ZX}/rad	0

2. 整体空间几何误差的计算

由上述误差辨识工作得到每个运动部件在六个自由度方向上的基本几何误差值,由于工件的加工是由多轴的联动来实现的,而加工误差又是由刀具与工件在相对运动中的整体空间几何误差引起的,因此下面计算改造机床的整体空间几何误差时,根据前面所建立的四轴三联动改造机床精度模型,并考虑该机床的实际结构,得到其空间几何误差的计算公式为

$$
\begin{aligned}
\Delta x =& -\delta_X(x) - \delta_X(y) - y\eta_{XY} + \delta_X(z) + z\eta_{ZX} \\
& - [O_{21Z} + \delta_Z(x) + x\eta_{ZX}]\varepsilon_Y(y) + [O_{21Y} + \delta_Y(x) + x\eta_{XY}]\varepsilon_Z(y) \\
& - T_Y\varepsilon_Z(z) - (O_{10Z} - O_{21Z} + O_{30Z} + T_Z + z)[\varepsilon_Y(y) + \varepsilon_Y(x) + \varepsilon_X(x)\varepsilon_Z(y)] \\
& - (-O_{10Y} - O_{21Y} + O_{30Y} + T_Y - y)[\varepsilon_X(x)\varepsilon_Y(y) - \varepsilon_Z(y) - \varepsilon_Z(x)] \\
& - (-O_{10X} - O_{21X} + O_{30X} + T_X - x)[\varepsilon_Y(y)\varepsilon_Y(x) + \varepsilon_Z(y)\varepsilon_X(x)] \\
& + T_Z\varepsilon_Y(z)
\end{aligned}
\tag{4.46}
$$

$$\Delta y = -\delta_Y(x) - x\eta_{XY} - \delta_Y(y) + \delta_Y(z) + z\eta_{YZ}$$
$$+ [O_{21Z} + \delta_Z(x) + x\eta_{ZX}]\varepsilon_X(y) - [O_{21X} + x + \delta_X(x)]\varepsilon_Z(y) + T_X\varepsilon_Z(z)$$
$$- (-O_{10Z} - O_{21Z} + O_{30Z} + T_Z + z)[-\varepsilon_X(y) - \varepsilon_X(x) + \varepsilon_Y(x)\varepsilon_Z(y)]$$
$$- (-O_{10X} - O_{21X} + O_{30X} + T_X - x)[\varepsilon_X(y)\varepsilon_Y(x) + \varepsilon_Z(y) + \varepsilon_Z(x)]$$
$$- (-O_{10Y} - O_{21Y} + O_{30Y} + T_Y - y)[\varepsilon_X(y)\varepsilon_X(x) + \varepsilon_Z(y)\varepsilon_Z(x)]$$
$$- T_Z\varepsilon_X(z) \tag{4.47}$$
$$\Delta z = -\delta_Z(x) - x\eta_{ZX} - \delta_Z(y) - y\eta_{YZ} + \delta_Z(z)$$
$$- [O_{21Y} + \delta_Y(x) + x\eta_{XY}]\varepsilon_X(y) + [O_{21X} + x + \delta_X(x)]\varepsilon_Y(y)$$
$$- (-O_{10X} - O_{21X} + O_{30X} + T_X - x)[-\varepsilon_Y(y) - \varepsilon_Y(x) + \varepsilon_X(y)\varepsilon_Z(x)]$$
$$- (-O_{10Y} - O_{21Y} + O_{30Y} + T_Y - y)[\varepsilon_X(y) + \varepsilon_X(x) + \varepsilon_Y(y)\varepsilon_Z(x)]$$
$$- (-O_{10Z} - O_{21Z} + O_{30Z} + T_Z + z)[\varepsilon_X(y)\varepsilon_X(x) + \varepsilon_Y(y)\varepsilon_Y(x)]$$
$$+ T_Y\varepsilon_X(z) - T_X\varepsilon_Y(z) \tag{4.48}$$

将经过辨识后得到的基本几何误差数据代入式(4.46)、式(4.47)和式(4.48)，将上述三式的计算结果与标准中的允许误差相比较。

根据立式加工中心的轮廓加工试件的验收标准 JB/T 8771.7—1998，选用直径为 32mm 的立铣刀加工一个边长为 160mm、高为 80mm 的长方体，验收时要求侧面的直线度达到 0.010mm。对直边而言，直线度的检验至少要检 10 个点。因此计算出该机床在 160mm×160mm×80mm 的长方体加工空间上 85 个离散点的误差分量，这些点分别在 4 个侧面内构成两两正交的 8 条直线，然后检验每个侧面两个方向直线的直线度。图 4.14 给出了 4 个侧面上共 8 条直线的直线度误差的直方图。

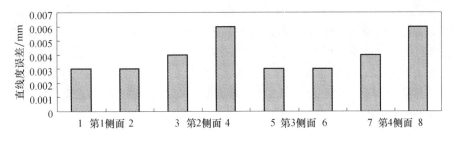

图 4.14　直线度误差直方图

由图 4.14 可以看出，所有的直线的直线度误差均小于标准规定的 0.010mm。其中 75% 的误差值都只占允许直线度误差值 0.010mm 的 30%～40%，这一结果基本符合统计规律，即由零部件几何误差组成的空间几何误差占到加工误差的 30% 左右，剩余的允许误差主要由热变形误差、载荷和振动等随机误差产生，这是完全合理的，因此上述误差参数辨识方法是可行的。

4.4　改造零部件修复精度分配

在改造设计时,对机床的加工精度都有明确的要求。如何保障加工精度符合要求,同时还能降低改造成本是改造设计中需要关注的问题。统计资料表明,虽然设计开发的费用在总成本中只占 5%,但是总成本的 70% 却是在设计阶段内确定的,这里面精度分配占有很大的比重。在改造过程中,一个零部件的尺寸误差超出范围,往往还可以通过相关的其他零部件的尺寸来调节和弥补,一些精度等级不高的零部件通过合理的搭配使用,仍可能组合出整体精度合格的产品。所以这里改造零部件修复精度分配的任务是,按照预定的空间几何精度考虑现有的技术水平和工艺条件,反求出应分配给各个改造零部件的精度,并使它们达到某种意义下的优化。

4.4.1　精度分配策略

改造零部件需要改善的精度参数较多,研究这些精度的优化分配是关系到改造机床性能和改造成本的重要问题。仍以四轴三联动机床改造为研究对象,该机床改造后主要用来进行模具铣削加工,要求达到普通精度等级。按照传统的设计经验,拟采取的改造方案是:X 向、Y 向和 Z 向滚珠丝杠选取 3 级精度标准,X 向导轨要达到 3 级精度标准,Y 向和 Z 向导轨要达到 2 级精度标准,精度取值分别参照表 4.14、表 4.15 和表 4.16。这种设计不一定是最合理的,如果能够通过对三个方向零部件共 12 项精度参数 $\Delta e_1(x)$、$\Delta e_2(x)$、$\Delta e_3(x)$、$V_{300P}(x)$、$\Delta e_1(y)$、$\Delta e_2(y)$、$\Delta e_3(y)$、$V_{300P}(y)$、$\Delta e_1(z)$、$\Delta e_2(z)$、$\Delta e_3(z)$ 和 $V_{300P}(z)$ 进行优化分配,在保证改造机床整体空间误差不超差和现有改造技术许可的前提下,适当调整各改造零部件的精度参数范围,则可以降低改造的成本。将上述设计思路描述成优化模型就是:以改造零部件的几何精度调整为目标,以同一部件上的几何精度在同一等级以及改造机床整体空间几何误差不超为约束条件,寻求最优的改造零部件几何精度分配。

解决这种有约束多变量优化问题,数学规划的方法是将约束条件通过乘子的形式转化成无约束优化问题求解,然后沿梯度方向单点迭代寻优。但在这里存在三个问题:①约束条件(同一零部件上精度参数之间的均衡关系)不能以等式或不等式形式显式表达,无法实现乘子转化;②直线度误差(线性)和平行度误差(角度)量纲不统一,优化过程中直线度误差更容易受到影响;③单点迭代的优化结果与初始值的选择密切相关,易陷入局部优化。为了克服上述缺陷,这里利用 BP 神经网络对非线性映射的强大逼近能力来学习、记忆非显式的均衡约束关系;利用遗传算法(genetic algorithms,GA)全局收敛的特点寻求零部件精度的最优分配。

遗传算法是一类以达尔文自然进化论和孟德尔遗传学说为基础的求解复杂全局最优化问题的智能算法。遗传算法在搜索过程中的点是并行的,而不像传统优化方法是单点,这就大大减小了陷入局部优化的可能;另外遗传算法不需要求解问题的特定知识,是独立于求解问题的通用算法,因此可不受约束条件的限制。

1) 遗传算法基本原理

遗传算法模拟了自然遗传中发生的复制、交叉和变异等现象,从任一初始种群出发,通过随机选择、交叉和变异操作,产生一群更适应环境的个体,这样一代一代地不断繁衍进化,最后求得问题的最优解。完整的遗传算法运算流程可以用图 4.15 来表示。遗传算法的伪代码如下:

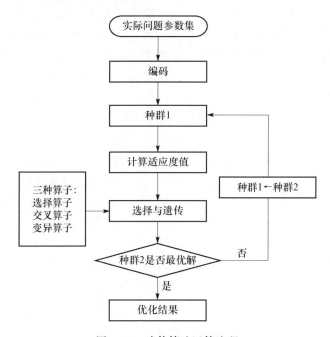

图 4.15　遗传算法运算流程

```
Procedure GA
begin
    t=0;
    初始化 P(t);                    {P(t)表示 t 代种群}
    计算 P(t)的个体适应度;
    If(满足停止准则)                {停止准则为规定的代数}
    {
        break;
        t=t+1;
        将选择算子作用于 P(t-1)产生 P(t);
        将复制和变异算子作用于 P(t);
```

　　　　　计算 P(t)的个体适应度；

　　　　}

End

2）遗传算法的基本操作

　　遗传算法的操作主要包括：参数编码、初始群体的选择、适应度函数的处理、遗传算子和运行参数的设定等。①参数编码：编码就是把一个问题的可行解从其解空间转换到遗传算法所能处理的搜索空间的转换方法。本文采用浮点数编码法，这样的编码方法改善了遗传算法的复杂性，提高了运算效率，便于处理复杂的设计变量约束条件，适合在遗传算法中表示范围较大的数。②初始群体的选择：初始群体可在整个解空间中随机选择，群体设定的主要问题是群体规模，即群体中包括的个体数目的设定。通常在优化问题中，群体规模 M 一般取 $20\sim100$。③适应度函数的处理：适应度函数也称为评价函数，是根据目标函数确定的用于区分群体中个体好坏的标准。由于工程问题中实际约束条件的存在，还必须对约束条件进行处理，常用的方法是惩罚函数法。该方法的基本思想是对解空间中无对应可行解的个体计算其适应度时，处以一个惩罚数，从而降低该个体的适应度，使该个体被遗传到下一代群体中的概率减小。④选择算子：从群体中选择优胜的个体，淘汰劣质的个体的操作称为选择。选择操作是建立在对群体中个体的适应度进行评估的基础上的，目前常用的选择方法是适应度比例方法，在这种机制中，个体每次被选中的概率与其在群体环境中的相对适应度成正比。⑤交叉算子：交叉算子的设计需保证前一代中优秀个体的性态能在下一代的新个体中尽可能得到遗传和继承。用浮点编码方法所表示的个体，在进行交叉操作时一般是进行非均匀算术交叉，交叉概率 P_c 一般取 $0.4\sim0.99$。⑥变异算子：遗传算法引入变异的目的之一是使算法具有局部随机搜索的能力，二是维持群体多样性。因此在进行变异操作时，可以采取自适应变异方法。即变异概率 P_m 随进化代数而变化，在算法运行的初期阶段取较大的变异概率，有利于产生新的个体；在算法运行的后期阶段取较小的变异概率，有利于进行局部搜索，变异概率 P_m 一般取 $0.0001\sim0.1$。

　　具体的分配策略是：

　　（1）确定设计变量和变量的取值范围，建立基于 BP 神经网络的精度参数均衡约束关系模型，确定训练样本并训练网络。

　　（2）用 BP＋GA 算法进行零部件精度参数的优化分配。以改造机床空间几何误差的许用值为约束条件，以第一步确定的参数为设计变量，以零部件精度参数的欧氏范数最大为目标进行优化。

　　（3）参数圆整处理。对 BP＋GA 优化算法得到的参数进行圆整，并用改造机床的精度模型检验优化结果。

　　（4）将优化结果与最初的方案对比，分析优化的实际效果。

4.4.2　精度参数均衡约束关系建模

1. 模型的建立

对于 $\Delta e_1(x)$、$\Delta e_2(x)$、$\Delta e_3(x)$、$V_{300P}(x)$、$\Delta e_1(y)$、$\Delta e_2(y)$、$\Delta e_3(y)$、$V_{300P}(y)$、$\Delta e_1(z)$、$\Delta e_2(z)$、$\Delta e_3(z)$ 和 $V_{300P}(z)$ 这 12 项精度参数，考虑到改造工艺的可行性，要求 $\Delta e_1(x)$、$\Delta e_2(x)$ 和 $\Delta e_3(x)$，$\Delta e_1(y)$、$\Delta e_2(y)$ 和 $\Delta e_3(y)$，$\Delta e_1(z)$、$\Delta e_2(z)$ 和 $\Delta e_3(z)$ 分别在同一精度等级上。因此，考虑只选取 $\Delta e_1(x)$、$\Delta e_1(y)$、$\Delta e_1(z)$、$V_{300P}(x)$、$V_{300P}(y)$ 和 $V_{300P}(z)$ 这 6 个精度参数为设计变量，而 $\Delta e_2(x)$ 和 $\Delta e_3(x)$，$\Delta e_2(y)$ 和 $\Delta e_3(y)$，$\Delta e_2(z)$ 和 $\Delta e_3(z)$ 分别取与 $\Delta e_1(x)$、$\Delta e_1(y)$、$\Delta e_1(z)$ 同一精度等级的相应数值。用 BP 神经网络映射这 6 个精度参数与 x、y、z 三个方向的空间误差 Δx、Δy 和 Δz 之间的关系，这样由空间误差 Δx、Δy 和 Δz 逆映射得到的 Δe_1 就代表了同一精度等级 Δe_2 和 Δe_3，自然达到了同一部件上精度参数之间的均衡。

根据上面的分析，采用三层 BP 神经网络建立精度参数均衡约束模型。其中输入层神经元个数 $n=6$，输入向量对应于上述 6 个零部件精度参数；输出层神经元个数 $m=3$，输出量对应于 x、y、z 三个方向的空间误差 Δx、Δy 和 Δz；通过试凑，隐层神经元个数确定为 4，隐层和输出层激活函数均为 Sigmoid 型函数。

2. BP 算法的选择

基于标准梯度下降法的 BP 算法在求解实际问题时，常因收敛速度太慢而影响学习能力，因此出现了不少基于非线性优化的训练算法，可使网络训练的收敛速度比标准梯度下降法快几十倍。这些算法主要有：附加动量的 BP 算法、自适应修改学习率算法、有弹回的 BP 算法、共轭梯度法、拟牛顿法和 Levenberg-Marquardt 法。梯度下降法在最初几步下降较快，但随着接近最优值，梯度趋于零，致使目标函数下降缓慢；而牛顿法则可在最优值附近产生一个理想的搜索方向。这里选择 Levenberg-Marquardt 法，它实际上是梯度下降法和牛顿法的结合，它的优点在于对中等规模的 BP 神经网络具有最快的收敛速度，而且很好地利用了 MATLAB 中对于矩阵的运算优势。

Levenberg-Marquardt 算法中，网络权值和阈值的调整公式为

$$\boldsymbol{x}_{k+1} = \boldsymbol{x}_k - (\boldsymbol{J}^{\mathrm{T}}\boldsymbol{J} + \mu\boldsymbol{I})^{-1}\boldsymbol{J}^{\mathrm{T}}\boldsymbol{e} \tag{4.49}$$

其中，$\boldsymbol{J}$ 是雅可比矩阵，它的元素是网络误差对权值和阈值的一阶导数；e 是网络的误差向量；标量 μ 决定了学习算法是根据牛顿法还是梯度法来完成。当 μ 值较小时，学习算法是根据牛顿法完成的，当 μ 较大时，梯度的递减量较小，学习算法按梯度法完成，这样就保证了网络的性能函数值始终在减小。

3. 训练样本的获取

神经网络模型的仿真信度与所选择的训练样本密切相关,为了保证训练结果的准确性,必须选取具有代表性的样本进行网络学习。为此,用正交实验设计法采集数据,利用 L32(49)正交表获得 32 组数据,既大大减少试验次数,又具有代表性。根据导轨和传动丝杠副的精度等级分类,见表 4.14,表 4.15 和表 4.16,6 个因素 $\Delta e_1(x)$、$\Delta e_1(y)$、$\Delta e_1(z)$、$V_{300P}(x)$、$V_{300P}(y)$ 和 $V_{300P}(z)$,各有 4 个水平。经误差辨识后分别代入式(4.46)、式(4.47)和式(4.48)的精度模型计算,得到训练样本数据。

4. 网络的训练与测试

在选择和设计好神经网络之后,首先要训练神经网络,使网络在一定程度上拟合训练样本。这里采用 K-重交叉法处理上述训练样本,对网络训练 8 次,每次抽出一个子集不参加训练,用它来测试泛化误差,以保证网络的泛化能力。利用 Levenberg-Marquardt 算法训练网络的程序如下:

```
p=[];
t=[];
net=newff (minmax(p),[6,4,3],{'tansig','tansig','purelin'},'
          trainlm');
net.initFcn='initlay';
net.layers{1}.initFcn='initwb';
net.layers{2}.initFcn='initwb';
net.layers{3}.initFcn='initwb';
net.inputWeights{1}.initFcn='rands';
net.layerWeights{1}.initFcn='rands';
net.layerWeights{2,1}.initFcn='rands';
net.layerWeights{3,2}0initFcn='rands';
net.biases{1}.initFcn='rands';
net.biases{2}.initFcn='rands';
net.biases{3}.initFcn='rands';
net=init(net);
net.LW{3,2}=[1 1 -1 -1;1 1 -1 -1;1 1 -1 -1];
net.trainParam.show=50;
net.trainParam.epochs=1000;
net.trainParam.goal=1e-6;
[net,tr]=train(net,p,t)
```

　　图 4.16 为第 8 次的网络训练误差趋势图。训练过程中发现,网络在第 1 次训练时到最大训练次数 1000 次还没有收敛,而在第 8 次训练时仅仅 10 次就收敛,最终均方误差 MSE＝0.000000953,达到了收敛目标值 10^{-6}。为了防止过度训练,必须检验网络的泛化能力,下面用不参加训练的子集测试训练好的 BP 神经网络。这对神经网络意义重大,因为泛化能力太差的网络由于其映射误差过大,根本无法用来拟合零部件精度参数与空间误差的关系。表 4.17 列出了 4 个测试样本的映射结果与计算结果的比较。

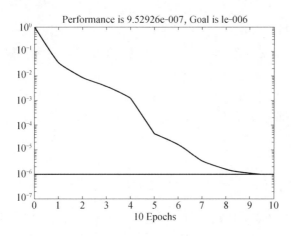

图 4.16　网络训练误差

表 4.17　神经网络映射结果与计算结果的比较

测试数据	第 1 组	第 2 组	第 3 组	第 4 组
Δx 的误差/mm	0.002	0.001	0.003	0.001
Δy 的误差/mm	0.003	0	0	0.001
Δz 的误差/mm	0.001	0.002	0.001	0.001

　　从表 4.17 中可以看出,应用神经网络映射出的 Δx、Δy 和 Δz 的误差均小于等于 0.003mm,即 $3\mu m$,这在普通精度等级的机床上,属于允许误差范围之内,这说明经过上述方法处理和训练的 BP 神经网络具有较强的泛化能力。

4.4.3　基于 BP＋GA 的精度参数分配

　　从上面的测试结果可以看出,合理选择网络的结构参数、初始参数、训练样本和训练方法,可以得到泛化能力较好的神经网络,也就是说训练出的网络具有很强的非线性映射能力,可以由输入参数直接映射得到相应的结果。下面利用这种映射能力,把训练好的神经网络嵌入到遗传算法中,进行零部件精度参数的优化分配。

1. 优化模型

目标函数：

$$\max \sqrt{e_1^2(x) + e_1^2(y) + e_1^2(z) + V_{300P}^2(x) + V_{300P}^2(y) + V_{300P}^2(z)} \quad (4.50)$$

约束条件：

$$\left.\begin{array}{r}
|\Delta x| \leqslant \mathrm{def}(\Delta x) \\
|\Delta y| \leqslant \mathrm{def}(\Delta y) \\
|\Delta z| \leqslant \mathrm{def}(\Delta z) \\
\mathrm{lb}(e_1(u)) \leqslant e_1(u) \leqslant \mathrm{ub}(e_1(u)) \quad (u = x, y, z) \\
\mathrm{lb}(V_{300P}(u)) \leqslant V_{300P}(u) \leqslant \mathrm{ub}(V_{300P}(u)) \quad (u = x, y, z)
\end{array}\right\} \quad (4.51)$$

式中，$\mathrm{def}(\Delta x)$、$\mathrm{def}(\Delta y)$、$\mathrm{def}(\Delta z)$分别为 x、y、z 方向的允许误差；$\mathrm{lb}(\ )$、$\mathrm{ub}(\ )$分别表示误差参数的上、下边界。在这里三个方向的允许误差取初始设计方案的最大误差值，即 $\mathrm{def}(\Delta x) = 0.058\mathrm{mm}$, $\mathrm{def}(\Delta y) = 0.013\mathrm{mm}$, $\mathrm{def}(\Delta z) = 0.013\mathrm{mm}$; $\mathrm{lb}(e_1(u)) = 0.006\mathrm{mm}$, $\mathrm{ub}(e_1(u)) = 0.025\mathrm{mm}$, $\mathrm{lb}(V_{300P}(u)) = 0.008\mathrm{mm}$, $\mathrm{ub}(V_{300P}(u)) = 0.023\mathrm{mm}$。

2. 算法的实现

为了兼顾神经网络的实数数值表示方法，遗传优化采用浮点编码法。为了保证进化过程能够达到所有状态的遍历，使最优解在遗传算法的进化中最终得以生存，本文采用随机选取生成初始种群的方法，种群规模设定为 32。对于式(4.51)中的约束条件则采用罚函数法，由此构造出的适应度函数为

$$f = \begin{cases} \sqrt{e_1^2(x) + e_1^2(y) + e_1^2(z) + V_{300P}^2(x) + V_{300P}^2(y) + V_{300P}^2(z)} & \text{满足约束条件} \\ 0 & \text{不满足约束条件} \end{cases}$$

$$(4.52)$$

选择算子采用适应度比例方法中的随机竞争选择，适应度高的被选中留下，充分利用适应度的评价作用。由于使用浮点编码法表示的个体，在进行交叉操作时一般采用算术交叉，交叉参数为 0 到 1 之间的随机数。为了提高遗传算法局部搜索能力和收敛速度，本文采用非均匀变异，即算法早期变异概率较大，扩大搜索空间，有利于产生新的个体；算法后期变异概率较小，有利于进行局部搜索，加快收敛速度。综上所述，遗传算法的运行控制参数设定如下：种群规模 $M = 32$，最大进化代数 $T = 500$，交叉概率 $P_c = 0.6$，变异概率按如下规则变化：

$$P_m = \begin{cases} 0.1 & 0 < T < 250 \\ 0.05 & 250 \leqslant T \leqslant 400 \\ 0.01 & 400 < T \leqslant 500 \end{cases} \quad (4.53)$$

BP+GA 的优化算法流程如图 4.17 所示。

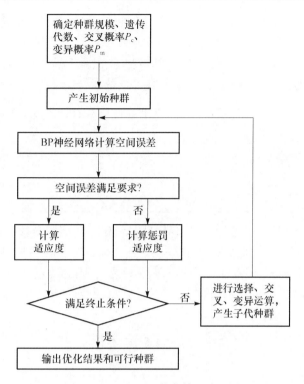

图 4.17　BP+GA 优化算法流程图

3. 结果分析与评价

根据以上参数和策略,在 MATLAB 中编程实现 BP+GA 优化算法。图 4.18

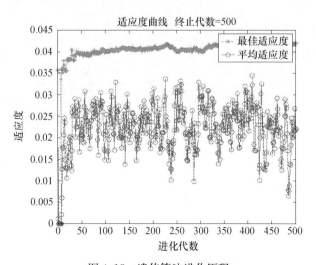

图 4.18　遗传算法进化历程

是进化 500 代的历程图,初始群体的平均适应度为 0,进化 500 代后的最大适应度为 0.0446。

从表 4.18 中的数据可以看出,经过 BP＋GA 优化后,Y 向导轨部件放宽了 1 个精度等级,Z 向导轨放宽了 3 个精度等级,Y 和 Z 向的丝杠副都放宽了 1 个精度等级。

表 4.18　优化前后的精度参数对比　　　　　　　　（单位：mm）

条件 ＼ 参数	$\Delta e_1(x)$	$\Delta e_1(y)$	$\Delta e_1(z)$	$V_{300P}(x)$	$V_{300P}(y)$	$V_{300P}(z)$
优化前	0.010	0.006	0.006	0.012	0.012	0.012
优化后	0.0146	0.0104	0.0246	0.0115	0.0207	0.0164
圆整后	0.015	0.010	0.025	0.012	0.016	0.016

由于设计变量是按连续性变量来处理的,优化后的精度参数均为实数,且小数点之后保留了四位,这在实际改造中是没有意义的。因此在保证整体空间误差合格的前提下,有必要对精度参数进行圆整,另外考虑到滚珠丝杠副一般是外购回来直接更换,也需要将它的精度按国标值进行圆整,圆整后的精度参数见表 4.19,优化前后的空间误差对比见表 4.20。

表 4.19　精度参数圆整结果

精度参数	圆整值	精度参数	圆整值	精度参数	圆整值
$\Delta e_1(x)$/mm	0.015	$\Delta e_1(y)$/mm	0.010	$\Delta e_1(z)$/mm	0.025
$\Delta e_2(x)$/mm	0.015	$\Delta e_2(y)$/mm	0.010	$\Delta e_2(z)$/mm	0.025
$\Delta e_3(x)$/rad	0.00003	$\Delta e_3(y)$/rad	0.00003	$\Delta e_3(z)$/rad	0.00005
$V_{300P}(x)$/mm	0.012	$V_{300P}(y)$/mm	0.012	$V_{300P}(z)$/mm	0.012

表 4.20　优化前后空间误差值对比　　　　　　　　（单位：mm）

空间误差	$|\Delta x|$	$|\Delta y|$	$|\Delta z|$
优化前的空间误差	0.058	0.013	0.013
圆整后的空间误差	0.060	0.003	0.009

从表 4.20 中可以看出,Y 向和 Z 向的空间误差都比优化前得到了改善,而 X 向仅超差了 $2\mu m$,达到了利用较低精度等级零部件组合出整机精度合格机床的目的,这也表明了应用 BP＋GA 算法可以解决数控化改造机械零部件精度参数的优化分配问题。通过优化放宽了相关零部件的几何精度等级,降低了改造成本;由于分配合理,又保证了整体空间几何误差符合预定精度要求。

4.5　改造机床的几何精度预测

根据前面建立的改造机床精度模型和零部件精度的误差辨识数据,可对改造机床的加工精度进行进一步地预测,主要是轮廓精度的预测。这里对加工环境进行严格控制,预测由改造零部件几何误差引起的空间加工误差。由于斜面的加工相对平面的加工更为复杂,需要多轴联动才能完成,能比较全面地反映机床的性能,因此对斜面的轮廓加工误差进行仿真研究,编程采用 MATLAB 软件。

根据轮廓加工试件标准 JB/T 8771.7—1998,加工一个边长 160mm × 160mm、倾斜 $\tan\alpha = 0.05$ 的斜面。在该斜面的 X 和 Y 方向分别以 16mm 为单位划分该区域。图 4.19 给出了在理想情况下待加工斜面上各离散点的坐标位置。

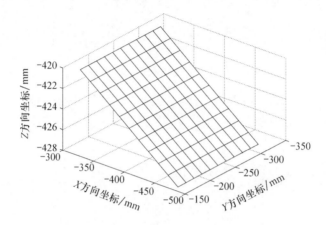

图 4.19　虚拟加工的理想轨迹

由于加工面总是平滑的,不可能出现拐点,为了使加工点更加细化,更符合实际加工情形,再以 4mm 为单位细分该区域,通过对加工面上的离散点进行三次多项式的二维插值,求得细分区域的坐标值。图 4.20 给出了理想情况下待加工斜面上各插值点的坐标位置。在理想情况下,各插值点在 Z 方向坐标值的计算程序如下:

```
x=-480:16:-320;
y=-320:16:-160;
[X,Y]=meshgrid(x,y);
Z=-428+(480+X)* 0.05;
surf(X,Y,Z)
xi=linspace(-480,-320,41);
yi=linspace(-320,-160,41);
[XI,YI]=meshgrid(xi,yi);
ZI=interp2(X,Y,Z,XI,YI,'cubic');
surf(XI,YI,ZI)
```

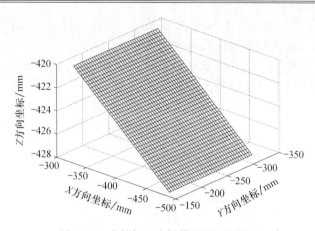

图 4.20　虚拟加工在插值后的理想轨迹

考虑到实际加工是有误差的运动,图 4.21 给出了实际有误差情况下待加工斜面上各插值点的坐标位置。

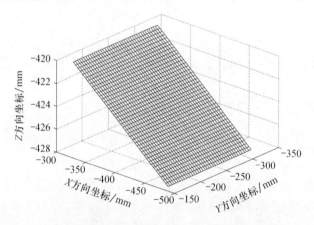

图 4.21　虚拟加工在插值后的实际有误差轨迹

各插值点在 Z 向的坐标值计算如下:

```
x=-480:16:-320;
y=-320:16:-160;
[X,Y]=meshgrid(x,y);
z1=[- 428 - 427.2 - 426.4 - 425.6 - 424.8 - 424 - 423.2 - 422.4
    -421.6 -420.8 -420; -428 -427.2 -426.4 -425.6 -424.8 -424
    - 423.2 - 422.4 - 421.6 - 420.8 - 420; -428 -427.2 -426.4
    -425.6 -424.8 -424 -423.2 -422.4 -421.6 -420.8 -420; -428
    -427.2 - 426.4 - 425.6 - 424.8 - 424 - 423.2 - 422.4 -421.6
    -420.8 -420; -428 -427.2 -426.4 -425.6 -424.8 -424 -423.2
```

```
    -422.4  -421.6  -420.8  -420; -428  -427.2  -426.4  -425.6
    -424.8  -424  -423.2  -422.4  -421.6  -420.8  -420; -428  -427.2
    -426.4  -425.6  -424.8  -424  -423.2  -422.4  -421.6  -420.8
    -420; -428  -427.2  -426.4  -425.6  -424.8  -424  -423.2  -422.4
    -421.6  -420.8  -420; -428  -427.2  -426.4  -425.6  -424.8  -424
    -423.2  -422.4  -421.6  -420.8  -420; -428  -427.2  -426.4
    -425.6  -424.8  -424  -423.2  -422.4  -421.6  -420.8  -420; -428
    -427.2  -426.4  -425.6  -424.8  -424  -423.2  -422.4  -421.6
    -420.8  -420];
Ez=[-0.0070  -0.0064  -0.0057  -0.0051  -0.0044  -0.0038  -0.0032
    -0.0025  -0.0019  -0.0012  -0.0006; -0.0062  -0.0056  -0.0049
    -0.0043  -0.0036  -0.0030  -0.0024  -0.0017  -0.0011  -0.0004
    0.0002; -0.0054  -0.0048  -0.0041  -0.0035  -0.0028  -0.0022
    -0.0016  -0.0009  -0.0003  0.0004  0.0010; -0.0046  -0.0040
    -0.0033  -0.0027  -0.0020  -0.0014  -0.0008  -0.0001  0.0005
    0.0012  0.0018; -0.0038  -0.0032  -0.0025  -0.0019  -0.0012
    -0.0006  0.0000  0.0007  0.0013  0.0020  0.0026; -0.0030  -0.0024
    -0.0017  -0.0011  -0.0004  0.0002  0.0008  0.0015  0.0021  0.0028
    0.0034; -0.0022  -0.0016  -0.0009  -0.0003  0.0004  0.0010
    0.0016  0.0023  0.0029  0.0036  0.0042; -0.0014  -0.0008  -0.0001
    0.0005  0.0012  0.0018  0.0024  0.0031  0.0037  0.0044  0.0050;
    -0.0006  0.0000  0.0007  0.0013  0.0020  0.0026  0.0032  0.0039
    0.0045  0.0052  0.0058; 0.0002  0.0008  0.0015  0.0021  0.0028
    0.0034  0.0040  0.0047  0.0053  0.0060  0.0066; 0.0010  0.0016
    0.0023  0.0029  0.0036  0.0042  0.0048  0.0055  0.0061  0.0068
    0.0074];
Z=z1+Ez;
xi=linspace(-480,-320,41);
yi=linspace(-320,-160,41);
[XI,YI]=meshgrid(xi,yi);
ZI=interp2(X,Y,Z,XI,YI,'cubic');
surf(XI,YI,ZI)
```

图 4.22 给出了理想轨迹与实际有误差轨迹的局部对比情况。通过计算,由再制造零部件几何误差综合作用产生的空间几何误差映射到斜面上的最大轮廓加工误差为 0.01mm。

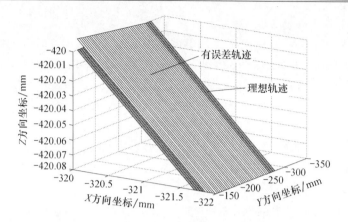

图 4.22　理想轨迹与实际有误差轨迹的局部对比图

4.6　精度设计在改造中的应用案例

为了提高型腔类模具的加工质量,保证被加工零件的轮廓精度,采用 SIE-MENS 802Dsl 系统对 XK1890 铣床进行数控化改造,改造为四轴三联动的数控铣床,改造机床的机械结构如图 4.23 所示。改造时 X、Y、Z 三个方向的滑动导轨需要进行刮研处理,三个方向的滚珠丝杠都要进行重新选配。为了确保改造机床的质量,并降低改造成本,在改造前就改造方案进行了精度设计。

1. 精度建模

参照本章前述的多体精度建模的理论分析结果,该铣床的几何精度模型可描述为

$$
\begin{aligned}
\Delta x =& -\delta_X(x) - \delta_X(y) - y\eta_{XY} + \delta_X(z) + z\eta_{ZX} \\
& - [O_{21Z} + \delta_Z(x) + x\eta_{ZX}]\varepsilon_Y(y) + [O_{21Y} + \delta_Y(x) + x\eta_{XY}]\varepsilon_Z(y) - T_Y\varepsilon_Z(z) \\
& - (O_{10Z} - O_{21Z} + O_{30Z} + T_Z + z)[\varepsilon_Y(y) + \varepsilon_Y(x) + \varepsilon_X(x)\varepsilon_Z(y)] \\
& - (-O_{10Y} - O_{21Y} + O_{30Y} + T_Y - y)[\varepsilon_X(x)\varepsilon_Y(y) - \varepsilon_Z(y) - \varepsilon_Z(x)] \\
& - (-O_{10X} - O_{21X} + O_{30X} + T_X - x)[\varepsilon_Y(y)\varepsilon_Y(x) + \varepsilon_Z(y)\varepsilon_X(x)] \\
& + T_Z\varepsilon_Y(z) \\
\Delta y =& -\delta_Y(x) - x\eta_{XY} - \delta_Y(y) + \delta_Y(z) + z\eta_{YZ} \\
& + [O_{21Z} + \delta_Z(x) + x\eta_{ZX}]\varepsilon_X(y) - [O_{21X} + x + \delta_X(x)]\varepsilon_Z(y) + T_X\varepsilon_Z(z) \\
& - (-O_{10Z} - O_{21Z} + O_{30Z} + T_Z + z)[-\varepsilon_X(y) - \varepsilon_X(x) + \varepsilon_Y(x)\varepsilon_Z(y)] \\
& - (-O_{10X} - O_{21X} + O_{30X} + T_X - x)[\varepsilon_X(y)\varepsilon_Y(x) + \varepsilon_Z(y) + \varepsilon_Z(x)] \\
& - (-O_{10Y} - O_{21Y} + O_{30Y} + T_Y - y)[\varepsilon_X(y)\varepsilon_X(x) + \varepsilon_Z(y)\varepsilon_Z(x)] \\
& - T_Z\varepsilon_X(z)
\end{aligned}
$$

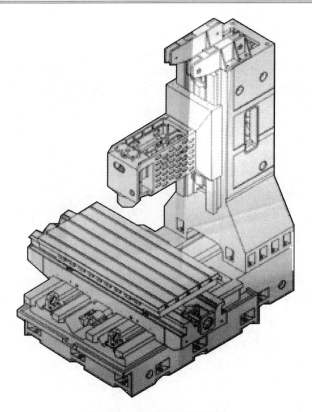

图 4.23　改造铣床机械结构

$$\Delta z = -\delta_Z(x) - x\eta_{ZX} - \delta_Z(y) - y\eta_{YZ} + \delta_Z(z)$$
$$\quad - [O_{21Y} + \delta_Y(x) + x\eta_{XY}]\varepsilon_X(y) + [O_{21X} + x + \delta_X(x)]\varepsilon_Y(y)$$
$$\quad - (-O_{10X} - O_{21X} + O_{30X} + T_X - x)[-\varepsilon_Y(y) - \varepsilon_Y(x) + \varepsilon_X(y)\varepsilon_Z(x)]$$
$$\quad - (-O_{10Y} - O_{21Y} + O_{30Y} + T_Y - y)[\varepsilon_X(y) + \varepsilon_X(x) + \varepsilon_Y(y)\varepsilon_Z(x)]$$
$$\quad - (-O_{10Z} - O_{21Z} + O_{30Z} + T_Z + z)[\varepsilon_X(y)\varepsilon_X(x) + \varepsilon_Y(y)\varepsilon_Y(x)]$$
$$\quad + T_Y\varepsilon_X(z) - T_X\varepsilon_Y(z)$$

2. 精度辨识

上述几何精度模型中的参数都和被改造机床的零部件几何精度紧密相关,通过检测相关零部件的精度可辨识出上述精度模型中的参数。被检测的零部件的几何精度参数主要是导轨副的直线度、平行度以及滚珠丝杠的螺距误差。被辨识的精度参数主要是如表 4.8 所示的 21 项基本误差。被检测几何精度参数与基本误差之间的关系如式(4.25)~式(4.39)所示。

3. 精度分配

以各坐标轴的定位精度作为空间误差在各个坐标方向的允许分量,其中 X 方向的允许误差为 $20\mu m$,Y 和 Z 方向的允许误差分别为 $10\mu m$。按照如下算法进行精度参数的优化分配:

$$\max \sqrt{e_1^2(x)+e_1^2(y)+e_1^2(z)+V_{300P}^2(x)+V_{300P}^2(y)+V_{300P}^2(z)} \quad (4.54)$$

其中

$$\left.\begin{array}{l} |\Delta x| \leqslant \mathrm{def}(\Delta x) \\ |\Delta y| \leqslant \mathrm{def}(\Delta y) \\ |\Delta z| \leqslant \mathrm{def}(\Delta z) \\ \mathrm{lb}(e_1(u)) \leqslant e_1(u) \leqslant \mathrm{ub}(e_1(u)) \quad (u=x,y,z) \\ \mathrm{lb}(V_{300P}(u)) \leqslant V_{300P}(u) \leqslant \mathrm{ub}(V_{300P}(u)) \quad (u=x,y,z) \end{array}\right\} \quad (4.55)$$

式中,$\mathrm{def}(\Delta x)$、$\mathrm{def}(\Delta y)$、$\mathrm{def}(\Delta z)$分别为 x、y、z 方向的允许误差;$\mathrm{lb}(\ )$、$\mathrm{ub}(\ )$分别表示误差参数的上下边界。在这里三个方向的允许误差分别取 $\mathrm{def}(\Delta x)=0.020\mathrm{mm}$,$\mathrm{def}(\Delta y)=0.010\mathrm{mm}$,$\mathrm{def}(\Delta z)=0.010\mathrm{mm}$;$\mathrm{lb}(e_1(u))=0.005\mathrm{mm}$,$\mathrm{ub}(e_1(u))=0.025\mathrm{mm}$,$\mathrm{lb}(V_{300P}(u))=0.005\mathrm{mm}$,$\mathrm{ub}(V_{300P}(u))=0.025\mathrm{mm}$。

按照上述模型计算后的结果如表 4.21 所示,X、Y、Z 向导轨的精度都被不同程度放宽,Y 和 Z 向的丝杠副都放宽了 1 个精度等级。优化前后的空间误差值对比见表 4.22。可以看出,Y 和 Z 向的空间误差都比优化前得到了改善,实现了精度优化分配的目的,一定程度上降低了改造成本,同时又保证了整体空间几何误差符合预定精度的要求。

表 4.21　优化前后的精度参数对比　　　　　　　　　　（单位:mm）

参数 条件	$\Delta e_1(x)$	$\Delta e_1(y)$	$\Delta e_1(z)$	$V_{300P}(x)$	$V_{300P}(y)$	$V_{300P}(z)$
优化前	0.017	0.010	0.010	0.012	0.012	0.012
优化后	0.021	0.014	0.015	0.012	0.016	0.016

表 4.22　优化前后空间误差值对比　　　　　　　　　　（单位:mm）

空间误差	$|\Delta x|$	$|\Delta y|$	$|\Delta z|$
优化前的空间误差	0.020	0.010	0.010
圆整后的空间误差	0.020	0.004	0.008

第5章 改造机床机电动态性能分析

5.1 影响改造机床机电动态性能的主要因素

数控化改造使机床成为典型的机械系统与电子信息处理系统紧密结合的复杂机电系统。运动速度的提升、加工精度的提高是机床改造后的主要特点,但是高精度和高速度对机床机电系统动态响应的性能也提出了更高的要求。对于复杂机电系统,影响其动态性能的因素较多,下面结合机床数控化改造工程的特点来分析影响改造机床机电动态性能的三个主要因素。

(1) 机床数控化改造的主要任务之一是恢复和改善机床的机械精度,以达到数控加工的要求。其中,导向精度恢复是最基础的工作。导向精度的作用是保证机床直线坐标的"横平竖直"和回转坐标的"真圆"。导向精度的任何偏差都会导致机床机电系统响应的失真,因此在数控化改造过程中要特别重视。导向精度主要是由机床的机械导轨副决定的,改造时对于导轨副的处理一般有两种方法。对于重载切削等对接触刚度要求较高的机床改造,仍然使用滑动导轨副,为了减小滑动时的摩擦影响,通过采用导轨贴塑的方法来改善机电系统响应的快速性。对于轻载切削及结构易于改变的机床改造,考虑采用滚动导轨副来满足数控加工高动态、快响应的要求。本章也将分别研究这两种形式的机械导轨副对改造机床机电动态性能的影响。

(2) 丝杠传动定位机构是数控化改造的另一个重要对象。由于滚珠丝杠副已经成为标准的数控机床功能部件,因此在改造中通常都是根据不同的定位精度要求选用不同精度等级的滚珠丝杠副。但是将滚珠丝杠副作为数控机床机电系统的一部分进行考虑时,滚珠丝杠副本身的机械特性、丝杠和螺母的结合面、丝杠和轴承的结合面、螺母座和工作台的结合面,以及在大型、重型机床改造时采用的长行程滚珠丝杠的细长特性都会对改造机床机电系统的动态响应产生影响,进而影响改造机床的性能。为此,本章将利用有限元和控制系统集成的机电模型分析滚珠丝杠副的机械结构和结合面特性对改造机床动态性能的影响;利用分布参数模型分析大重型机床改造中的长行程滚珠丝杠的细长特性对改造机床机电性能的影响。

(3) 采用先进的数控系统是机床数控化改造工程最基本的要求。在数控系统的组成部分中,轨迹插补以及加减速控制对机床的机电动态响应有很大的影响,但在现有软件技术的支持下,插补控制的精度达到 $1\mu m$ 乃至 $0.1\mu m$ 以下已经不是困难的事情,困难在于伺服装置驱动机床机械结构实现将这样的控制精度。目前大量应用于数控机床的是交流伺服驱动,驱动中广泛采用 PID 控制。PID 控制是经典的线性控制,而数控化改造机床这一机电系统包含了众多的非线性环节,像摩擦环节、间隙环节等,因此传统的 PID 控制的交流伺服驱动制约了数控化改造机床机电动态性能的提升。所以在机床数控化改造的过程中,要重点研究从伺服驱动方面提升改造机床的机电动态性能。考虑到目前模糊理论已日趋成熟和完善,以及在解决过程控制中的非线性、强耦合、时变和时滞等难题方面具有较强的优势,本章将探讨在伺服控制中运用模糊 PID 控制提升数控化改造机床的机电动态性能。

以上结合机床数控化改造工程的特点分析了影响改造机床机电动态性能的三个主要因素。下面将详细从这三个方面分别分析各因素对改造机床的机电动态性能的影响。

5.2　导轨改造对进给系统性能的影响分析

导轨是机床运动部件的基准,起着承载和导向作用。普通机床的导轨大多数是金属滑动导轨,使用一段时间后,由于受到机械摩擦、氧化腐蚀等作用,会产生拉伤和磨损,使导轨表面精度下降,其结果直接影响加工工件的精度。另外,导轨面作为机床上最主要的运动结合部,对机床动态性能的影响也非常明显。据统计,机床出现振动问题有 60% 以上是运动结合部;机床系统总阻尼值的 90% 以上也来自于运动结合部。因此要分析改造机床的动态性能,必然要涉及导轨。目前在机床数控化改造中,对导轨的处理通常有两种方法:

(1) 导轨贴塑。贴塑导轨采用的是一种金属对塑料的摩擦形式,也属于滑动摩擦导轨。导轨的一个滑动面上贴有一层抗摩软带,另一个滑动面通常是淬硬的起支承作用的导轨面。软带是以聚四氟乙烯为基本材料,再添加合金粉和氧化物的高分子复合材料。聚四氟乙烯基软带(4FJ)作为新型滑动导轨材料在国内外应用得比较多。一般说来,贴塑导轨最显著的特点是具有优良的刚性,有吸振性(抑制刀具切削时产生的振动)和阻尼性(防止导轨系统启动或停止时的振动),且成本较低,经济实用,适宜承受切削负载较大的机床使用。

(2) 更换成滚动导轨。滚动导轨的特点是:摩擦系数小,摩擦系数一般在 $0.0025 \sim 0.005$ 的范围内,动、静摩擦系数基本相同,启动阻力小,不易产生冲击,低速运动稳定性好;定位精度高,运动平稳,磨损小,精度保持性好,寿命长;但是抗振性较差,对防护要求较高。直线滚动导轨与传统滑动导轨相比较,响应更迅速,移动速度更高,对复杂曲面工件的高速加工更有利。

　　下面针对这两种在数控化改造中常用的导轨形式,从宏观的导轨结合面的刚度入手来间接分析导轨对改造机床进给系统性能的影响。

5.2.1　贴塑导轨的性能影响分析

1. 贴塑导轨性能的有限元分析

　　导轨贴塑通常都是针对矩形滑动导轨采用,矩形滑动导轨如图 5.1 所示。当拖板在导轨上滑动时,导轨侧面与拖板基本不接触,只有导轨上表面与拖板形成了结合部。机床工作时,导轨结合部因受到工作台重力和零件加工时的切削抗力作用,所以该方向的刚度和阻尼比较大,而沿导轨运动方向的切向刚度和阻尼值都很小,可以忽略不计。因此在建立导轨有限元分析模型时,只考虑法向的结合面,导轨的自重也折合在法向面压里面,研究导轨结合面在垂向载荷作用下接触弹性变形量的变化规律。由于导轨两侧为对称结构,故进行了必要的简化,只分析一侧的导轨结合部模型,这样就大大降低了前处理的工作量。

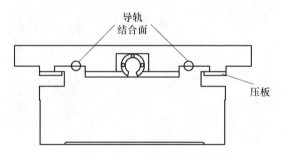

图 5.1　矩形滑动导轨

　　简化后的贴塑导轨接触实体模型和有限元模型分别如图 5.2 和图 5.3 所示。由于在接触面间定义了接触单元,导轨在载荷作用下的接触面大小及接触状态可能会发生改变,这种在求解过程中边界条件的改变,要求潜在的能够产生接触的部位的有限元网格或节点数应该较密,这样才能够真实的表现接触状态的改变,保证有限元数值模拟结果的准确性。因此,对导轨接触面网格的划分较密,其余区域则采用较疏的网格划分,局部接触模型见图 5.4。

　　由于动导轨和支承导轨的硬度不同,故分析时导轨的接触选择刚体-柔体接触,采用面-面接触单元,接触对如图 5.5 所示。根据机械设计手册,4FJ—铸铁导轨的摩擦系数取为 0.046,弹性模量取为 280MPa,泊松比为 0.4。施加如表 5.1 所示的载荷即可得到相应的变形量。

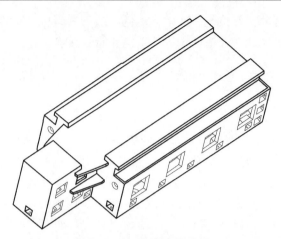

图 5.2　滑动导轨实体模型

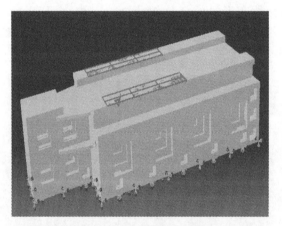

图 5.3　滑动导轨有限元模型

图 5.4　局部接触模型

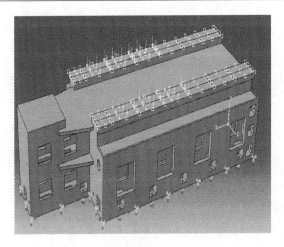

图 5.5　滑动导轨结合面接触对

表 5.1　贴塑导轨载荷与变形量

编　号	载荷/N	变形量/μm
1	30000	10
2	40000	14
3	50000	18
4	60000	21
5	70000	25
6	80000	28

　　从理论上分析,在其他条件不变时,结合部的刚度会随着接触压力的增大而增大,载荷与刚度之间不是完全的线性关系。为了定量描述刚度大小,通过拟合曲线得到导轨结合部的法向刚度为 $2.78 \times 10^9 \text{N/m}$,如图 5.6 所示。

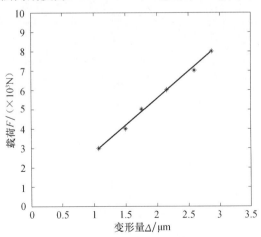

图 5.6　贴塑导轨载荷与变形量的拟合线

2. 加工表面的粗糙度对导轨性能的影响

由于表面粗糙度的存在,导轨表面间的接触通常不连续,通过接触力将表面的微凸体压平达到完全接触是很困难的。在中低面压下,接触只发生在表面微凸体峰顶附近,真实的接触面积只是名义接触面积的一部分。对于不含宏观几何误差的粗糙表面而言,真实接触状态取决于结合面的微观形貌特征和面压,这里着重研究表面粗糙度的影响。首先对导轨表面的微观形貌进行描述。选取如下的标准特征参数来表征导轨表面微凸体的高度、间距和形状:

(1) 轮廓最大高度 R_y,即取样长度内轮廓峰顶线和谷底线之间的距离,最大峰顶高 $R_m = R_y/2$。

(2) 微凸体密度 η,即单位面积上的微凸体个数。

(3) 顶点平均曲率半径 R:

$$R = \frac{1}{(1/n)\sum_{i=1}^{n}(z_{i+1} - 2z_i + z_{i-1})/h^2} \tag{5.1}$$

式中,z_{i-1},z_i,z_{i+1} 为取样范围内相连微凸体的高度;n 为总的粗糙峰个数;h 为峰顶间的间隔。

(4) 支承面积,指不计接触变形在相互压入部分的材料消失的情况下,结合面的实际接触面积。它反映的是导轨表面微凸体的高度分布信息:

$$a(g) = \int_{g}^{+\infty} \phi(z)\mathrm{d}z \tag{5.2}$$

式中,$a(g)$ 为单位面积结合面的支承面积;$\phi(z)$ 为微凸体的高度分布函数。

为了研究微表面的法向刚度特性,对导轨接触表面作如下的假设:表面微凸体至少在峰顶是球体,所有微凸体半径相等但高度满足一定分布,微凸体小变形且微凸体间无相互作用力。虽然这些假设对接触表面进行了很大的简化,但并不会限制其适用范围。任何两个粗糙表面的接触都可以等效为一个粗糙表面和一个刚性光滑平面的接触,因此这里只研究一个粗糙表面与一个光滑刚性平面的接触。根据赫兹(Hertz)理论,单个微凸体与刚性平面的接触载荷为

$$p_s = \frac{4}{3}E^* R^{0.5} w^{1.5} \tag{5.3}$$

式中,w 为微凸体峰顶处干涉量;E^* 为等效弹性模量;R 为微凸体平均半径。在微表面内,高度为 z 的微凸体与刚性平面保持接触的概率为

$$\mathrm{prob}(z > g) = \int_{g}^{+\infty} \varphi(z)\mathrm{d}z \tag{5.4}$$

式中,g 为粗糙表面和刚性表面间的间隙。单个微凸体的接触载荷期望值为

$$\bar{p}_s = \int_{g}^{+\infty} P\varphi(z)\mathrm{d}z = \frac{4}{3}E^* R^{*0.5}\int_{g}^{+\infty}(z-g)^{1.5}\varphi(z)\mathrm{d}z \tag{5.5}$$

微表面总的接触载荷以及相应的接触刚度为

$$p = N\overline{P}' = \frac{4}{3}\eta A_n E^* \sqrt{R^*} \int_g^{+\infty} (z-g)^{1.5} \varphi(z)\,dz \tag{5.6}$$

$$k = -\frac{dP}{dg} = Cd\left(\int_g^{+\infty} (z-d)^{1.5} \varphi(z)\,dz\right) / dg \tag{5.7}$$

式中,$C = 4\eta A_n E^* \sqrt{R^*}/3$,对于确定的表面,$C$ 是常量;A_n 为微表面的面积。根据式(5.6)、式(5.7)可以看出,影响微表面法向刚度的因素有导轨接触表面的材料、微表面的面积以及微凸体的密度、平均曲率半径和高度分布。显然这些因素与导轨接触表面的结构尺寸等无关,只与导轨接触表面的材料和加工方法有关。

考虑某一贴塑导轨接触表面,相应的表面参数的等效值为 $E^* = 148.6$GPa,$R_y = 6.932\mu$m,$\eta = 24500/$mm^2。相应的微凸体高度分布函数如图 5.7 所示。微表面大小的选取取决于导轨接触表面的大小和计算的精度,这里取 $A_n = 1$cm^2。

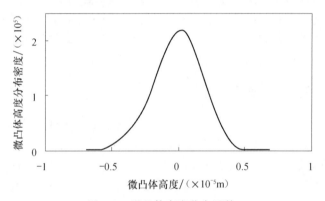

图 5.7　微凸体高度分布函数

计算结果如图 5.8 和图 5.9 所示,微表面的接触载荷和法向刚度是间隙的非

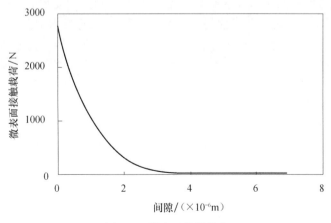

图 5.8　微表面接触载荷

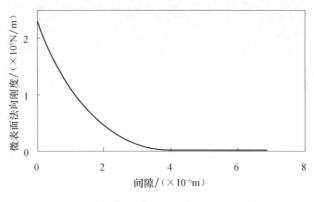

图 5.9　微表面法向刚度

线性函数,且随着间隙的减小迅速增加。这是因为随着间隙的减少,导轨接触表面的实际接触面积增加,接触表面承受载荷的能力也随之增强。如果实际的接触表面面积较小,或者接触表面不存在几何误差,那么贴塑导轨接触表面的法向接触刚度很大程度上依赖于导轨表面的粗糙度。

5.2.2　滚动导轨的性能影响分析

对于滚动导轨,由于其接触情况较为复杂,这里采用弹性力学中的赫兹接触理论,用解析法计算滚动导轨的刚度。下面是赫兹接触的假设:

(1) 接触表面几何光滑连续且为非共形(non-conformal)接触体,忽略表面粗糙度对结合部刚度特性的影响。因为直线滚动导轨结合部的接触副为高副,在预紧载荷或工作载荷的作用下,其接触区弹性变形量可达到数个微米(一般在 2～7μm),远远大于滚道或滚珠的表面粗糙度(一般小于 0.08μm)。因此,在计算接触刚度时,可不考虑表面粗糙度的影响,进而可忽略材料塑性变形的影响。

(2) 接触体是均匀各向同性的线弹性体,滚珠与滚道接触时只产生弹性变形,并服从 Hooke 定理。在正常情况下,直线滚动导轨结合部接触副变形均在材料弹性范围内,接触点处产生的塑性变形量不超过滚动体直径的万分之一(远小于接触副弹性变形量),接触点附近的固体表面可以近似地作为弹性半空间来处理。因此,滚珠与滚道接触只考虑弹性变形的假设,在分析直线滚动导轨结合部刚度时是适宜的。

(3) 接触表面只传递法向压力而不存在切向摩擦力。直线滚动导轨传递滚动运动,一般直线滚动导轨的切向摩擦系数非常小,只有 0.00025～0.004,可以忽略不计。

(4) 滚珠与滚道接触面的尺寸与其曲率半径相比是很小的。

1. 滚珠与滚道法向接触变形量的计算

单个滚珠在法向接触压力 p 作用下而产生弹性变形,如图 5.10 所示。

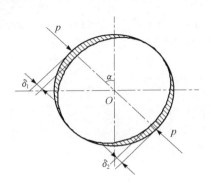

图 5.10　单个滚珠的受力变形图

根据赫兹接触理论,两弹性体由于弹性变形引起的相对位移量(弹性接近量)为

$$\delta = \frac{2J}{\pi m_s} \sqrt[3]{\frac{1}{8} \left[\frac{3}{2} \left(\frac{1-\mu_1^2}{E_1} + \frac{1-\mu_2^2}{E_2} \right) \right]^2 \sum \rho} \, p^{2/3} \tag{5.8}$$

式中,p 为作用于两弹性接触点的法向压力;J 和 m_s 为由 τ 值决定的系数;E_1 和 E_2 分别为两接触体材料的弹性模量;μ_1 和 μ_2 分别为两接触体材料的泊松比;$\sum \rho$ 为两接触体接触点处的主曲率之和。

对于直线滚动导轨而言,滚动体接触点处的主曲率分别为

$$\rho_{11} = \rho_{12} = \frac{2}{d_b} \tag{5.9}$$

$$\rho_{21} = \frac{1}{d_b f} \tag{5.10}$$

$$\rho_{22} = 0 \tag{5.11}$$

式中,d_b 为单个滚珠直径;f 为密合度(滚道曲率半径与滚珠直径之比)。

由以上各式,可得到

$$\sum \rho = \rho_{11} + \rho_{12} + \rho_{21} + \rho_{22}$$

进而 τ 可由以下公式计算得到:

$$\tau = \frac{|\rho_{21} - \rho_{22}|}{\sum \rho} \tag{5.12}$$

2. 滚珠法向接触力的计算

一般数控机床上的直线滚动导轨副都是由两个滑轨和四个滑块组成，因此只需计算单个滑块的刚度便可得到整个直线滚动导轨副的刚度。如图 5.11 所示，当垂向力 F 作用在滑块上时，各列中单个滚珠的弹性力分别为 p_1、p_2、p_3 和 p_4，其中 $p_1 = p_2$，$p_3 = p_4$；α 为滚珠与滚道面之间的接触角。

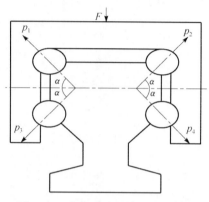

图 5.11　直线滚动导轨的受力分析

由静力平衡条件可以得到

$$2(p_1 - p_3)n\sin\alpha = F \tag{5.13}$$

由力学叠加原理和赫兹接触理论可以得到

$$p_1^{2/3} - F_0^{2/3} = F_0^{2/3} - p_3^{2/3} \tag{5.14}$$

式中，n 为单列滚道的接触滚珠数；F_0 为由预压载荷引起的单个滚珠的法向力。

根据式(5.13)和式(5.14)可求得 p_1 和 p_3 的值。

3. 滚动导轨法向刚度的计算

由滚珠法向弹性接触变形所产生的法向弹性位移量 δ_p 为

$$\delta_p = \delta_1 + \delta_2 \tag{5.15}$$

将 p_1、p_3 分别代入式(5.8)，即可求得 δ_1、δ_2，从而得到 δ_p。

最后，单个滚珠的法向刚度 K_p 为

$$K_p = \frac{F_i}{\delta_p} \tag{5.16}$$

式中，F_i 为单个滚珠承受的外载荷。

整个直线滚动导轨副由四个同样的导轨单元并联组成，因此总的法向刚度 $K = 4K_p$。选取某型滚动导轨的基本参数(见表 5.2)，将参数代入式(5.8)～式(5.16)，得到滚动导轨法向刚度为 $1.36 \times 10^9 \text{N/m}$。

表 5.2 直线滚动导轨基本参数

滚珠直径 d_b/mm	密合度 f	接触滚珠数 m	预压载荷 F_0/N	垂向载荷 F/N	接触角 α/(°)
8	0.53	12	4000	12000	45

通过以上分析可以看出,滚动导轨的刚度比贴塑滑动导轨要大一个数量级,而且摩擦系数小,响应较快,但是滚动导轨的承载能力不如滑动导轨,而且阻尼也比滑动导轨小,吸振能力较弱,因此在改造中要对各项因素作综合分析才能正确选择导轨改造方式。

5.3 滚珠丝杠对进给系统的动态影响分析

5.3.1 基于有限元模型的动态响应分析

为了保证数控化改造机床的定位精度,改造中基本上都采用滚珠丝杠副驱动的机械结构。已有的这类系统的动态响应问题研究都是将其简化成二阶系统进行处理,而忽略了机械结构本身对系统动态响应的影响,本节采用有限元法分析弥补这一缺陷。数控化改造机床的进给系统如图 5.12 所示,主要包括伺服电动机、减速器、滚珠丝杠、轴承、导轨和工作台等。由于滚珠丝杠的实际细节结构比较复杂,在建模时简化了滚珠丝杠的以下结构特征:①轴肩沟槽,目的是使轴承与轴肩端面配合平稳;②退刀槽,目的是在加工螺纹时退刀;③螺纹,与锁紧螺母配合,目的是使轴承预紧并预拉伸滚珠丝杠;④倒角,为了容易装配而加工的倒角。在计算时,轴间沟槽、退刀槽、倒角可忽略不计。由于研究的是进给系统的动态性能,滚珠丝杠的螺旋部分对结果的影响不大,可以忽略,这样原滚珠丝杠可简化成一根阶梯轴。

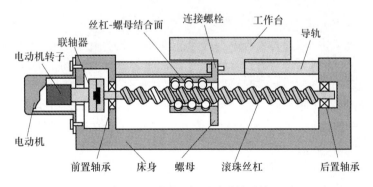

图 5.12 滚珠丝杠驱动进给系统

结合面对进给系统的动态特性有较大影响,必须建立相应的结合面模型才能保证有限元分析结果的正确性。进给系统中的结合面主要包括丝杠螺母副结合面、导轨结合面以及丝杠两端的轴承结合面。本章采用弹簧阻尼单元来模拟结合面特性,结合面的不同条件和状态都可以通过选用不同的结合点数目、每个结合点的自由度数以及每个自由度的等效刚度和等效阻尼系数来模拟,从而建立进给系统的计算模型,如图 5.13 和图 5.14 所示。

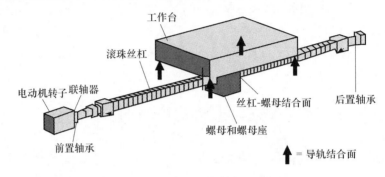

图 5.13　进给系统有限元模型

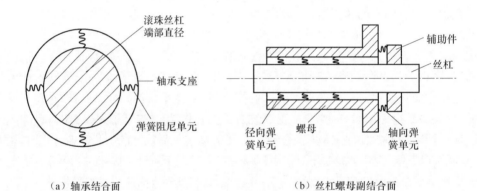

（a）轴承结合面　　　　　　　　（b）丝杠螺母副结合面

图 5.14　结合面建模示意图

　　在切削加工中,切削力很难维持恒定,通常是不断变化的,在理论分析时,为方便起见,统一将切削力定义为正弦变化的切削力,利用这样的切削力来分析确定滚珠丝杠进给系统的动态响应就是谐响应分析。理论分析和实践经验表明,滚珠丝杠进给系统的轴向刚度是影响系统动态性能的重要因素,也是进给系统的薄弱环节,在轴向施加动载荷时,系统的振幅最大。图 5.15 为在进给系统轴向施加幅值100N 正弦力载荷时的谐响应曲线。

　　由图 5.15 可以看出,某机床的进给系统在 240Hz 左右的谐响应振幅最大,该频率对应的滚珠丝杆的转速为 1600r/min,所以机床在工作时应避开这样的转速,以免发生较大的振动,影响加工质量。

　　另外系统的动态响应也与丝杠的预紧力大小、螺母的工作位置也有关,图 5.16 给出了上述因素对系统动态性能的影响。

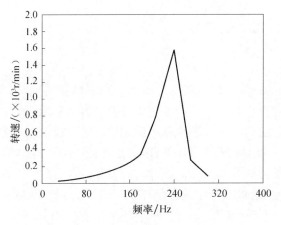

图 5.15　进给系统谐响应曲线

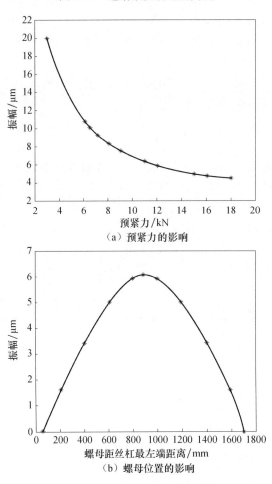

（a）预紧力的影响

（b）螺母位置的影响

图 5.16　预紧力和螺母位置对动态响应的影响

5.3.2　基于分布参数模型的动态响应分析

1. 特点分析

考虑到在机床改造工程中,经济效益最高的通常都是大型、重型机床,因此要特别注意分析大重型机床在改造过程中的特点。大型机床进给系统的部件几何尺寸大,空间分布特性强,在中小型机床上适用的动态分析模型或方法应用在大型机床上不够准确。大重型机床的滚珠丝杠,在运行过程中,一直工作在拉压和扭转复合受力状态。一般建模分析时,都认为丝杠的扭转刚度很大,忽略扭转变形对传动精度的影响,把丝杠螺母副简化成质量-阻尼系统;也有文献将丝杠的弹性变形集中在一处,用集中扭转弹簧模型来处理。但在大型机床上,丝杠行程通常都比较长,有几米甚至十几米,丝杠作为细长杆的特性表现得更为明显,而且丝杠的微小扭转变形是沿整个丝杠连续分布的。当然在工程中为了提高传动刚度,会考虑选择更大的丝杠直径,但直径的增大增加了系统的惯量,影响了响应速度,转而必须选择更大的导程,而导程的增大又会进一步恶化扭转变形对传动精度的影响。面对这样的矛盾,这里提出建立一个符合大型机床物理特性的分布集中参数进给系统模型,来研究进给系统的动态特性。

2. 基于分布参数的进给系统建模

图 5.17 所示为改造的某大型铣齿机床 x 方向进给系统简图。伺服电动机提供扭矩,与滚珠丝杠直联,丝杠通过滚珠螺母将转动变成工作台的移动。把长径比较大的滚珠丝杠作为分布参数系统来处理,采用分布参数建模方法建立滚珠丝杠传递模型。另外,相对集中的部件如伺服电动机、滚珠螺母,以及工作台这样的平动部件仍然采用集中参数模型描述,从而可建立大型机床进给系统的分布集中参数模型。

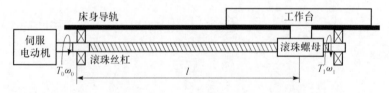

图 5.17　改造的某大型铣齿机床 x 方向进给系统简图

1)滚珠丝杠的分布参数模型

从图 5.17 中取出滚珠丝杠单独分析,将滚珠丝杠看做一个长为 l、直径为 d 的细长均质杆。如图 5.18 所示,取滚珠丝杠的轴心线作为 x 轴,丝杠密度为 ρ,圆截面对其中心的极惯性矩为 I_{p},材料的剪切弹性模量为 G。距离轴端 x 处取轴微

元 Δx,轴微元 Δx 在转动中的受力在图 5.18(a)中给出。由材料力学知识可知,该微元的转动惯量为 $J_{\Delta x}=\rho I_{\mathrm{p}}\Delta x$,柔度系数为 $k_{\Delta x}=\Delta x/(GI_{\mathrm{p}})$。其中 Δt 时间段内的变化情况如图 5.18(b)所示,图中 T 为扭矩,ω 为角速度。

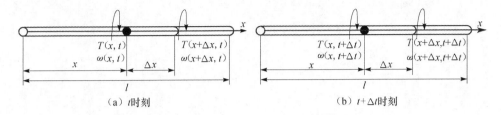

（a）t时刻　　　　　　　　　　　（b）$t+\Delta t$时刻

图 5.18　丝杠的受力及分布参数变化

令 $L=\rho I_{\mathrm{p}}$,$C=1/(GI_{\mathrm{p}})$,列出运动学微元方程

$$\left.\begin{aligned} T(x,t) &= T(x+\Delta x,t)+L\Delta x\frac{\omega(x+\Delta x,t+\Delta t)-\omega(x+\Delta x,t)}{\Delta t} \\ \omega(x,t) &= \omega(x+\Delta x,t)+C\Delta x\frac{T(x+\Delta x,t+\Delta t)-T(x+\Delta x,t)}{\Delta t} \end{aligned}\right\} \tag{5.17}$$

当 $\Delta x\rightarrow 0$,$\Delta t\rightarrow 0$ 时,式(5.17)可写成偏微分方程

$$\left.\begin{aligned} -\frac{\partial T(x,t)}{\partial x} &= L\frac{\partial \omega(x,t)}{\partial t} \\ -\frac{\partial \omega(x,t)}{\partial x} &= C\frac{\partial T(x,t)}{\partial t} \end{aligned}\right\} \tag{5.18}$$

在初始值为零的条件下,对上述偏微分方程进行 Laplace 变换,得

$$\left.\begin{aligned} \frac{\partial T(x,s)}{\partial x} &= -Ls\omega(x,s) \\ \frac{\partial \omega(x,s)}{\partial x} &= -CsT(x,s) \end{aligned}\right\} \tag{5.19}$$

上述方程组的通解为

$$T(x,s) = A_1\exp[x\gamma(s)]+A_2\exp[-x\gamma(s)]$$
$$\omega(x,s) = \frac{A_2\exp[-x\gamma(s)]-A_1\exp[x\gamma(s)]}{\zeta}$$

式中

$$\gamma(s) = \sqrt{LC}\,s \qquad \zeta = \sqrt{L/C}$$

积分常数 A_1、A_2 由边界条件求出:设输入端 $x=0$ 处,扭矩和角速度分别为和 $T_0(s)$、$\omega_0(s)$;输出端 $x=l$ 处,扭矩和角速度分别为 $T_1(s)$、$\omega_1(s)$,解得两端参数的线性变换式为

$$\begin{bmatrix} T_0(s) \\ T_1(s) \end{bmatrix} = \begin{bmatrix} \dfrac{\exp[2l\gamma(s)]+1}{\exp[2l\gamma(s)]-1}\zeta & -\dfrac{2\exp[l\gamma(s)]}{\exp[2l\gamma(s)]-1}\zeta \\ \dfrac{2\exp[l\gamma(s)]}{\exp[2l\gamma(s)]-1}\zeta & -\dfrac{\exp[2l\gamma(s)]+1}{\exp[2l\gamma(s)]-1}\zeta \end{bmatrix} \begin{bmatrix} \omega_0(s) \\ \omega_1(s) \end{bmatrix} \tag{5.20}$$

当工作台匀速运动时,丝杠的输出扭矩完全用来克服黏滞阻尼力的消耗。设黏性摩擦系数为 f,那么

$$T_1(s) = f\omega_1(s) \tag{5.21}$$

由式(5.20)、式(5.21)得到

$$\left. \begin{aligned} \omega_0(s) &= \frac{\{\exp[2l\gamma(s)]+1\}\zeta+\{\exp[2l\gamma(s)]-1\}f}{\{\exp[2l\gamma(s)]-1\}\zeta^2+\{\exp[2l\gamma(s)]+1\}\zeta f}T_0(s) \\ \omega_1(s) &= \frac{2\zeta\exp[l\gamma(s)]}{\{\exp[2l\gamma(s)]+1\}\zeta+\{\exp[2l\gamma(s)]-1\}f}\omega_0(s) \end{aligned} \right\} \tag{5.22}$$

令

$$B_0(s) = \frac{\zeta-f}{\zeta+f}\exp[-2l\gamma(s)]$$

则滚珠丝杠扭转运动的传递关系可如图 5.19 所示。

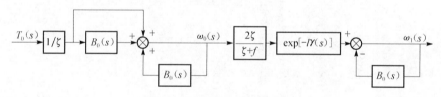

图 5.19　丝杠运动框图

对模型中的超越传递函数直接处理比较困难,一般采用有理函数进行近似。对超越函数进行泰勒级数展开并截断,获得有理传递函数如下:

$$\exp[-l\gamma(s)] \approx \frac{1}{1+l\sqrt{LC}s} \tag{5.23}$$

同理

$$B_0(s) \approx \frac{\zeta-f}{\zeta+f}\frac{1}{1+2l\sqrt{LC}s} \tag{5.24}$$

2)工作台驱动模型

由图 5.17 可知,工作台的运动是由滚珠螺母的横向位移驱动的;而螺母的实际位移又是由螺母所处位置处的丝杠的速度、丝杠与螺母的综合刚度、摩擦非线性因素共同决定的。建立工作台驱动的传递模型如图 5.20 所示,图中,$\omega_1(s)$ 为丝杠

的角速度，$v_n(s)$ 为螺母的移动速度，$X_n(s)$ 为螺母的理论位移，$X_t(s)$ 为工作台的实际位移，P 为丝杠的螺距，M 为工作台部分的质量，B 为工作台与床身导轨之间的黏性摩擦阻尼系数，F_c 为工作台和床身导轨之间的库仑摩擦力，K 为丝杠和滚珠螺母的综合刚度，其中 K 表示为

$$\frac{1}{K} = \frac{1}{K_s} + \frac{1}{K_n} \tag{5.25}$$

式中，K_s 为丝杠的轴向刚度；K_n 为螺母的轴向刚度，二者均可从产品手册中查得。

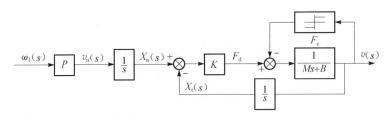

图 5.20　工作台驱动系统框图

3）交流伺服驱动系统模型

永磁同步电动机（permanent magnet synchronous motor，PMSM）以其定位精度高、响应速度快、转动惯量小、输出转矩脉动小等特点广泛应用于伺服驱动系统。在机械特性方面，它可以实现低速大转矩运行，可在负载转矩下直接启动。在控制策略方面，矢量控制已经成为高性能变频调速的成熟技术。

矢量控制的主要思想是：将交流电动机的数学模型通过矢量变换的方法重构为他励直流电动机，在同步旋转的参考轴系内，将交变的定子电流变换为两个直流量，一个为励磁（d 轴）分量，另一个为转矩（q 轴）分量，两者在空间上相互垂直，对两者进行解耦控制，可以实现对电动机励磁磁场和电磁转矩的线性控制。本文采用 $i_d = 0$ 的矢量控制方式，对 PMSM 的交流伺服驱动系统进行适当的简化，得到如下两个方程：

电压平衡方程

$$L_q \frac{\mathrm{d}i_q}{\mathrm{d}t} = K_{cp}[K_{vp}(\omega_{ref} - \omega_0) - i_q] - K_e\omega_0 - R_q i_q \tag{5.26}$$

动力学平衡方程

$$K_f i_q = T_0 + T_F \tag{5.27}$$

式中，L_q 为电动机 q 轴的等效电感，H；i_q 为电动机 q 轴的等效电流，A；R_q 为电动机 q 轴的等效电阻，Ω；ω_{ref} 为输入参考速度，rad/s；ω_0 为电动机输出角速度，rad/s；K_e 为电动机反电动势常数，V·s/rad；K_{vp} 为速度环增益，A·s/rad；K_{cp} 为电流环

增益,A/V;K_f 为电磁转矩常数,N・m/A;T_0 为输出驱动转矩,N・m;T_F 为负载转矩,N・m。

根据式(5.26)和式(5.27),建立 PMSM 交流伺服驱动系统的传递模型,如图 5.21 所示。

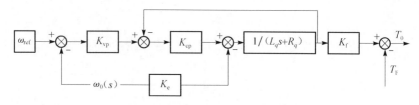

图 5.21　交流伺服驱动系统框图

3. 动态特性分析及试验验证

通过转速的耦合,可将图 5.19～图 5.21 联合成如图 5.22 所示的大型铣齿机床进给系统的分布集中参数模型。根据试验数据,图 5.22 中各相关参数如表 5.3～表 5.5 所示,其中 K_1 为力和力矩之间的转换系数,$K_1 = P/(2\pi)$。为了比较分析,把负载和电动机转子看成一个整体,将滚珠丝杠、工作台等参数都折算到电动机轴上,给出了相应的单纯集中参数模型,如图 5.23 所示。图 5.21 中各参数如表 5.3、表 5.6 所示,其中 J_e 为折算到电动机轴上的当量转动惯量,B_e 为折算到电动机轴上的当量阻尼系数。

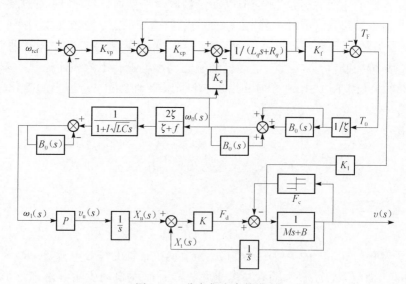

图 5.22　分布集中参数模型

表 5.3　交流伺服驱动系统参数

电感 L_q/mH	电阻 R_q/Ω	速度环增益 K_{vp}/(A·s/rad)	电流环增益 K_{cp}/(A/V)	电动机反电动势常数 K_e/(V·s/rad)	电磁转矩常数 K_f/(N·m/A)
52.7	1.04	70.5	2	0.18	1.28

表 5.4　滚珠丝杠模型相关参数

密度 ρ/(kg/m³)	剪切弹性模量 G/GPa	长度 l/m	直径 d/cm	黏性摩擦系数 f/(N·m·s/rad)
7800	80	2	40	0.02

表 5.5　工作台驱动模型参数

螺距 P/cm	刚度 K/(MN/m)	质量 M/kg	黏性阻尼系数 B/(kN·m·s/rad)	摩擦力 F_c/N
10	792	400	15	15

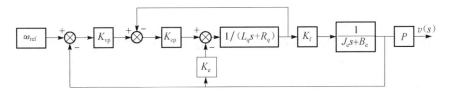

图 5.23　单纯集中参数模型

表 5.6　集中参数模型相关参数

速度环增益 K_{vp}/(A·s/rad)	当量转动惯量 J_e/(kg·m²)	当量阻尼系数 B_e/(N·m·s/rad)
45	0.0049	0.058

采用比利时 LMS 公司的动态测试仪进行该铣齿机床 x 轴向速度的动态响应测试试验,并与图 5.22、图 5.23 所示系统的仿真结果进行比较,试验与仿真的进给速度均为 27m/min,结果如图 5.24 所示。图中点线是试验测量值,实线是分布集中参数模型仿真值,虚线是集中参数模型仿真值。可以看出,分布集中参数模型的响应曲线与试验测量值比较吻合,试验值略快于仿真值,这可能是因为测试时工作台要移动一定的距离,所以起始的 l 要小于模型设定值,导致分布特性的影响没有仿真系统强。但集中参数系统由于忽略了细长滚珠丝杠的分布扭转变形的影响,故而在瞬态阶段,它的速度响应要明显快于试验值。

结果表明分布集中参数模型的仿真值与试验值更加吻合,分布集中参数模型可以更真实合理地描述大型机床进给系统的动态特性。

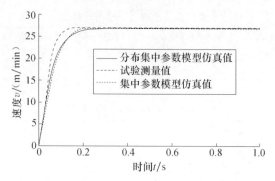

图 5.24　$d=40\text{cm},l=2\text{m}$ 时的动态响应

5.4　伺服驱动对进给系统的动态影响分析

5.4.1　一般交流伺服驱动的动态响应

1. 交流伺服驱动控制结构

现代机床的数控改造大都采用交流伺服电动机,交流伺服电动机驱动的进给系统一般都具有检测反馈环节,控制精度较高。图 5.25 为交流伺服电动机驱动的进给系统的结构图。

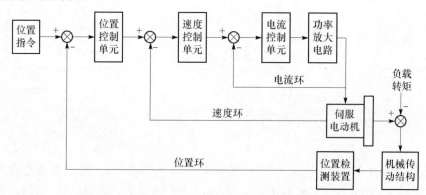

图 5.25　交流伺服电动机驱动的进给系统的结构图

交流伺服电动机以其坚固耐用、经济可靠及动态响应性能好等优点,越来越广泛地应用于数控机床的进给系统中。在 70% 以上的机床数控化改造中,机床进给驱动的执行部件都选择交流伺服电动机,其中应用最多的是永磁同步电动机。下面结合永磁同步电动机,研究分析交流伺服系统的动态性能。

2. 交流伺服驱动动态性能仿真

在 MATLAB 中应用 Simulink 与 PSB 建立交流伺服驱动模型如图 5.26 所

示。转子位置给定值与转子位置实际值比较后,将其差值作为位置调节器的输入信号。位置调节器的输出是角速度参考值 ω_m,ω_m 与实际角速度比较后,将其差值作为速度调节器的输入。位置环和速度环都采用 PI 调节方式,速度环的输出是交轴电流参考值 i_q,直轴电流参考值 $i_d = 0$。i_d、i_q 经矢量变换得到三相电流给定值 i_a、i_b、i_c,电流环采用电流滞环比较方式,相电流给定与相电流反馈相比较,经过电流调节器的调节和 PWM 产生电路生成控制逆变器的 PWM 信号。在此仿真模型中,逆变器也是应用 Simulink 建模来模拟的,逆变器的输出经过电流检测模块通入到永磁同步电动机模块,永磁同步电动机模块和电动机检测模块则属于 PSB,机械部分简化成二阶环节,这样就形成了交流伺服电动机驱动的进给系统模型。

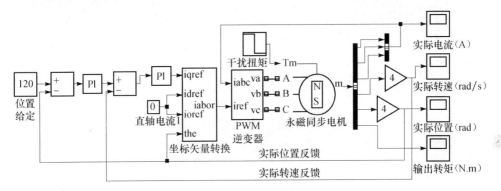

图 5.26　交流伺服驱动模型

设定仿真参数如下:额定电压 $U_{dc} = 310\text{V}$;磁极对数 $p_m = 4$;转动惯量 $J = 0.008\text{kg} \cdot \text{m}^2$;电枢电阻 $R_5 = 2.875\Omega$;交直轴同步电感 $L_d = L_q = 0.0085\text{H}$;$\Psi_r = 0.175\text{Wb}$;系统转速给定 700rad/s;在 $t=0$ 时刻,带负载 $T_L = 3\text{N} \cdot \text{m}$ 启动;在 $t=0.04\text{s}$ 时负载跃变为 $T_L = 1\text{N} \cdot \text{m}$;PI 环节限幅值为 $[-30, 30]$;仿真结果如图 5.27 所示。

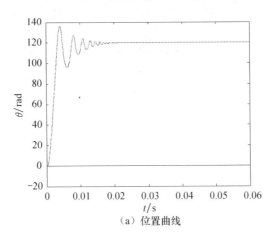

（a）位置曲线

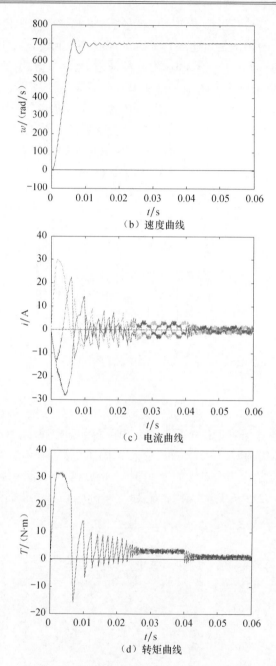

图 5.27　永磁同步电动机半闭环仿真结果

从位置响应曲线可以看出,经过 15ms 的调节,位置达到稳定值,且伴随着较大的超调(12.5%),并且在负载转矩波动时,位置又经过 4ms 的振荡才达到稳定;

转速响应曲线与位置响应曲线相似,转速在启动之后,经过 22ms 的调节时间才达到稳定值,同时也伴随着较大的超调(5.7%);在转矩响应曲线中,在启动时刻,电磁转矩峰值范围达 −17～+32N·m,随后经过了 24ms 时间才稳定在设定值3N·m,并且在负载转矩突变为 1N·m 时,电磁转矩也经过了 4ms 时间的振荡才稳定到设定值 1N·m;三相定子相电流曲线和转矩响应曲线有些相似,在开始时刻,电流值波动峰值范围达 −30～+30A,随后达到稳定值,并且在负载突变时也有一定的波动,可以看出系统的动态平稳性还有待进一步提高。

5.4.2　模糊控制交流伺服系统的动态响应

为了进一步提高改造机床进给伺服系统的动态稳定性,本节将引入模糊控制,设计一个模糊 PID 控制器,根据偏差值、偏差的变化量自动调节 PID 参数,提高系统的控制性能。另外,进给系统中的非线性摩擦环节是影响进给系统动态性能的另一大障碍,利用常规的线性控制器难以消除非线性摩擦的影响。因此,本节又将遗传算法与模糊控制相结合应用于进给伺服系统的摩擦补偿中,提高系统的控制性能。

1. 模糊控制器的一般设计方法

1) 模糊控制器的结构设计

模糊控制器的基本信息量有三个:误差(E)、误差变化(E_c)及误差变化的变化量($\dot{E}_c$),因此模糊控制器的输入变量一般取这三个变量。图 5.28 给出了几种模糊控制器的结构。一维模糊控制器通常用于一阶被控对象,只以误差为输入变量,其动态控制性能不佳。理论上,维数越高控制越精细,但三维模糊控制器的模糊控制规则过于复杂,算法实现困难。二维模糊控制器以误差和误差的变化作为输入变量,能够较严格地反映受控过程中输出变量的动态特性,控制规则和算法相对简单,因而被广泛采用。

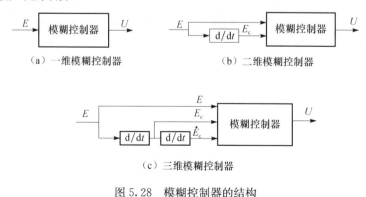

图 5.28　模糊控制器的结构

模糊控制器的输出变量有两种输出方式：一种输出量为直接的控制量(绝对式)；另一种则为控制量的变化(增量式)。目前一般采用增量式，但有些情况下将两种方式结合起来，如在误差大时以绝对的控制量输出，而误差小时以控制量的增量输出，通过这种方法可获得较好的上升特性，改善控制器的动态品质，但模糊控制器的结构及控制算法相对复杂。

2) 量化因子、比例因子的选择

模糊控制器除了要设计一个合适的控制规则外，合理选择量化因子和比例因子也很重要。实验结果表明，量化因子和比例因子的大小以及不同量化因子之间的相对关系对模糊控制器的控制性能影响较大。

误差量化因子 K_e 和误差变化量化因子 K_{ec} 对控制系统的动态性能影响很大。K_e 较大时，上升时间缩短，但系统的超调较大，过渡过程较长。当 K_{ec} 变大，系统的超调变小，但系统的响应速度变慢。另外，它们两个的大小描述了输入误差和误差变化的加权程度，因此在设计时也要考虑两个量化因子之间的相互影响。

比例因子 K_u 较小时，系统的动态响应时间过长，而过大时则会导致系统的震荡加剧。通过调整 K_u 可以改变被控对象的输入值的大小。

量化因子和比例因子并不是唯一确定的，它们可以同时存在几组不同的值满足系统良好的控制要求。对于复杂的控制系统，固定的一组值难以达到满意的控制效果，需要在控制过程中调整以满足不同阶段的控制性能，这种控制器称为自调整比例因子控制器，它具有良好的控制效果。

2. 进给伺服系统模糊 PID 控制器设计

进给伺服系统的模糊 PID 控制器结构如图 5.29 所示，它由 PID 控制器和模糊参数调节器两部分组成。其工作原理是根据系统的误差和误差变化率的大小，通过模糊参数调节器来调整 PID 控制器的三个参数，从而实现参数整定的智能化。

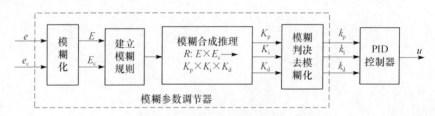

图 5.29　模糊 PID 控制器的结构

1) PID 控制器

PID 控制器是一种线性控制，它将给定值 $x_o(t)$ 与实际输出值 $x(t)$ 的偏差 $e(t)=x_o(t)-x(t)$ 的比例(P)、积分(I)和微分(D)通过线性组合构成控制量，从而

实现对被控对象的控制。其离散化位置式控制表达式为

$$u(k) = k_p e(k) + k_i \left[\sum e(k) T \right] + K_d e_c(k) \tag{5.28}$$

式中，k_p、k_i 和 k_d 分别为比例系数、积分系数和微分系数；T 为采样周期；偏差变化率 $e_c(k) = [e(k) - e(k-1)]/T$；$k$ 为采样序号，$k = 0, 1, 2, 3, \cdots$。

PID 控制器中 k_p, k_i, k_d 的作用分别为：

(1) k_p：加快系统的响应速度，提高系统的调节精度。k_p 越大，系统响应越快，调节精度越高，但易产生超调，甚至导致系统不稳定。k_p 过小，则会延长调节时间，使系统静态、动态特性变差。

(2) k_i：消除系统的稳态误差，改善系统的静态性能。k_i 越大，系统的静态误差消除越快。但 k_i 过大，则会产生积分饱和现象，使系统出现较大的超调。若 k_i 过小，则难以消除稳态误差，系统的调节精度不能满足要求。

(3) k_d：在响应过程中抑制偏差向任何方向的变化，提前制动偏差的变化，改善系统的动态特性。k_d 过大，则使制动过分提前，延长了调节时间，降低了系统的抗干扰性能。

2) 模糊参数调节器组成及其模糊集

模糊参数调节器由模糊化、模糊规则、模糊合成推理、模糊判决组成，以系统偏差 e 和偏差变化率 e_c 为输入，以 k_p, k_i, k_d 为输出。E, E_c, K_p, K_i, K_d 分别为对应的模糊量。

e_c, k_p, k_i, k_d 的模糊集为 A：$\{NB, NM, NS, O, PS, PM, PB\}$，$e$ 的模糊集为 B：$\{NB, NM, NS, NO, PO, PS, PM, PB\}$。对应的论域均为 $\{-6, 6\}$。

3) 模糊参数调节器的隶属函数

各模糊量均采用高斯型与三角形相结合的隶属函数，三角形函数表达式为

$$f(x, a, b, c) = \begin{cases} 0 & x \leqslant a \\ \dfrac{x-a}{b-a} & a \leqslant x \leqslant b \\ \dfrac{c-x}{c-b} & b \leqslant x \leqslant c \\ 0 & c \leqslant x \end{cases} \tag{5.29}$$

其中，a, b, c 为三角形的顶点。高斯型隶属函数表达式为

$$f(x, o, \sigma) = \exp \left[- \left(\frac{x-o}{\sigma} \right)^2 \right] \tag{5.30}$$

式中，o 为函数的中心点；σ 为函数曲线的宽度。

模糊量 E_c, K_p, K_i, K_d 的模糊语言变量 PB 和 NB 采用高斯型隶属函数，其参数分别取 $\sigma = 1, o = 6$ 和 $\sigma = 1, o = -6$，得到函数表达式为

$$\mu_{PB}(x) = \exp\left[-\left(\frac{x-6}{1}\right)^2\right] \qquad 0 \leqslant x \leqslant 6 \qquad (5.31)$$

$$\mu_{NB}(x) = \exp\left[-\left(\frac{x+6}{1}\right)^2\right] \qquad -6 \leqslant x \leqslant 0 \qquad (5.32)$$

PM,PS,O,NS,NM 则采用三角形隶属函数,其对应的参数 a,b,c 分别为[1,3, 6],[-1,1,3],[-1,0,1],[-3,-1,1],[-6,-3,-1]。根据式(5.40),将参数代入,则 PM、PS、O 的隶属函数表达式分别为

$$\mu_O(x) = \begin{cases} 0 & x \leqslant -1 \\ x+1 & -1 \leqslant x \leqslant 0 \\ 1-x & 0 \leqslant x \leqslant 1 \\ 0 & 1 \leqslant x \end{cases} \qquad (5.33)$$

$$\mu_{PS}(x) = \begin{cases} 0 & x \leqslant -1 \\ \dfrac{x+1}{2} & -1 \leqslant x \leqslant 1 \\ \dfrac{3-x}{2} & 1 \leqslant x \leqslant 3 \\ 0 & 3 \leqslant x \end{cases} \qquad (5.34)$$

$$\mu_{PM}(x) = \begin{cases} 0 & x \leqslant 1 \\ \dfrac{x-1}{2} & 1 \leqslant x \leqslant 3 \\ \dfrac{6-x}{3} & 3 \leqslant x \leqslant 6 \\ 0 & 6 \leqslant x \end{cases} \qquad (5.35)$$

NS、NM 的函数与 PS、PM 关于 μ 轴对称。E 的隶属函数参数取值见表 5.7。图 5.30 和图 5.31 即为各模糊量的隶属函数。

表 5.7　E 的隶属函数参数

语言变量 \ 参数	o	σ	a	b	c
PB	6	0.7			
PM			2	4	6
PS			0	1.5	4
PO			-0.4	0.2	1
NO			-1	-0.2	0.4
NS			-4	-1.5	0
NM			-6	-4	-2
NB	-6	0.7			

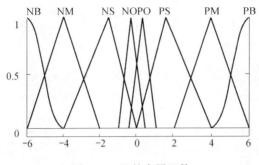

图 5.30　E 的隶属函数

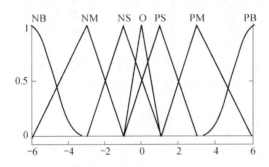

图 5.31　E_c, K_p, K_i, K_d 的隶属函数

4) 模糊参数调节器的控制规则

模糊控制规则是一个用模糊语言来表示输入输出之间的映射关系的集合,即由若干条"if E＝Ai and Ec＝Bj　then　Kp＝Ak and Ki＝Al and Kd＝Am"这样的规则组成。根据 PID 控制的特点,需遵循以下几点控制规律:

(1) 当 E 和 E_c 同号时,控制量偏离给定量的方向变化;反之,异号时,靠近给定量的方向而变化。

(2) 当偏差 E 较大时,为了加快响应速度和避免响应初期偏差 E 的瞬间增大,会引起微分饱和,因此取较大的 K_p 和较小的 K_d。同时为了避免出现大的超调,取较小的 K_i。

(3) 当偏差较小时,为继续消除偏差并防止出现过大的超调引起震荡,K_p 要减小,取适中的 K_d 和较小的 K_i。

(4) 当偏差 E 很小时,为消除稳态误差,避免超调,使系统具有良好的静态性能和抗干扰能力,增大 K_i,取较小的 K_p 和较小的 K_d。

结合以上的控制规律和工程人员的现场控制经验,得到参数 K_p、K_i 和 K_d 的控制规则如表 5.8 所示。

表 5.8　K_p、K_i 和 K_d 的控制规则

E \ EC	NB	NM	NS	O	PS	PM	PB
NB	PB/NS/PS	PB/NS/NM	PM/NS/NB	PM/NS/NB	PS/NS/NB	PS/NS/NM	O/NS/PS
NM	PB/O/PS	PB/O/NS	PM/O/NB	PS/O/NM	PS/NS/NM	O/O/NS	NS/O/PS
NS	PM/NB/O	PM/NM/NS	PM/NS/NM	PS/NS/NM	O/O/NS	NS/PS/NS	NS/PS/O
NO	PM/NM/O	PM/NM/NS	PS/NS/NS	O/O/NS	NS/PS/NS	NM/PS/NS	NM/PS/O
PO	PS/NM/O	PS/NS/O	PS/O/NS	O/O/NS	NS/PS/NS	NM/PM/NS	NM/PM/O
PS	PS/NM/O	PS/NS/O	O/O/O	NS/PS/O	NS/PS/O	NM/PM/O	NM/PB/O
PM	PS/O/PM	O/O/PM	NS/PS/PS	NM/PS/PS	NM/PM/PS	NM/O/PS	NB/O/PB
PB	O/PS/PB	O/PS/PM	NS/PS/PS	NM/PM/PS	NM/PM/PS	NB/PS/PS	NB/PS/PB

5）模糊参数调节器模糊推理和判决

采用 Mamdani 的"mix-min"法推理合成模糊规则，用"centroid"法解模糊化，将获得的 K_p、K_i 和 K_d 的精确值送至 PID 控制器对系统进行控制。

3. 模糊控制交流伺服系统的动态响应

以某数控化改造铣齿机床的 Z 向进给系统为研究对象，交流伺服电动机为西门子 1FK6102，其参数见表 5.9。机械系统参数见表 5.10。

表 5.9　电动机参数

额定转速 n_r/(r/min)	3000	额定电流 I_r/A	11.6
电动机转动惯量 J/(kg·m²)	0.01215	额定转矩 M_r/(N·m)	16.5
电枢绕组电阻 R_a/Ω	0.15	电动机电气时间常数 T_s/s	0.0022
机械时间常数 T_L/s	0.0113	力矩系数 K_t/(N·m/A)	1.51
反电动势系数 K_e/[V/(rad/s)]	0.96	PWM 放大倍数 K_{PWM}/(V/A)	7.78
PWM 时间常数 K_{PWM}/μs	167	电流环滤波时间常数 T_c/μs	100
电流/速度检测放大倍数 K_{p1}	1	速度环滤波时间常数 T_v/s	0.01
速度检测放大倍数 K_{p2}	1		

表 5.10　机械特性参数

主轴箱质量 m/kg	3500	丝杆直径 d/m	0.08
丝杆导程 l_{bs}/m	0.012	丝杆总长 l/m	0.963
丝杆支撑轴向刚度 K_b/(N/m)	$1.12×10^8$	丝杆螺母接触刚度 K_n/(N/m)	$2.02×10^8$
齿轮传动比 i	2		

在 MATLAB/Simulink 中建立如图 5.32 所示的交流伺服系统仿真模型，其中 PIDsimf 函数实现了 PID 控制。函数 PIDsimf 共有五个输入参数，分别为时间

t,误差 e,参数 K_p, K_i, K_d(对应于 u1,u2,u3,u4,u5),其源程序如下:

```
function [u]=PIDsimf(u1,u2,u3,u4,u5)
persistent  PIDmat  errori  error_1
if u1==0
    errori=0;
      error_1=0;
End

    ts= 0.001;                          %采样时间
error=u2;
errord=(error-error_1)/ts;
errori= errori+ error*ts;
u=u3*error+u5*errord+u4*errori;         %函数输出:控制量 U
error_1=error;
```

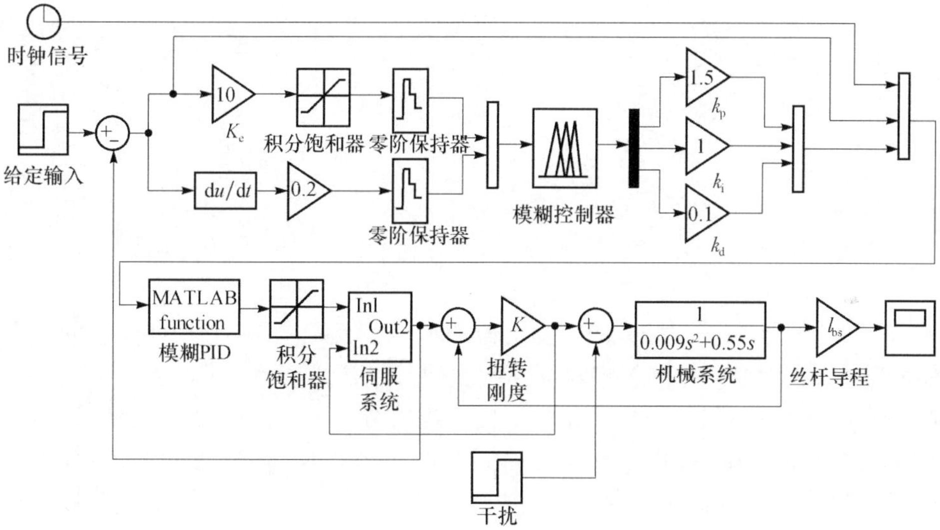

图 5.32　进给伺服系统仿真模型

将单纯的 PID 控制器和模糊 PID 控制器(F-PID)分别应用于位置控制中,并设定采样周期 T 为 1ms,其动态响应分别如下:

(1) 输入信号为单位阶跃信号,阶跃响应曲线如图 5.33 所示。

(2) 在阶跃输入下,1s 时刻加入 20.0 干扰,获得如图 5.34 所示的响应曲线。

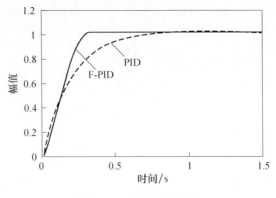

图 5.33　单位阶跃响应

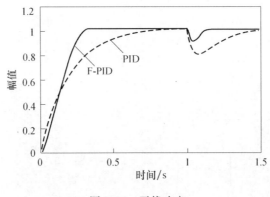

图 5.34　干扰响应

　　从图 5.33 中可以看出,PID 控制器的调节时间为 0.6s,F-PID 控制的调节时间为 0.25s,F-PID 控制策略响应速度更快,调节时间更短,具有更好的动态性能。从图 5.34 中可以看出,在系统受到干扰的情况下,采用 F-PID 控制策略,系统很快地将干扰减小,并在较短的时间内跟踪了给定信号。因此当系统采用 F-PID 控制策略时,能够获得更好的动态响应性能,并且具有更强的鲁棒性和抗干扰能力。

5.4.3　交流伺服系统的非线性摩擦补偿

　　摩擦是一个非线性、不确定的复杂现象,普遍存在于数控机床进给系统中,严重影响了进给系统的动态性能,尤其是低速时的响应,在大重型机床的滑动进给系统中易产生爬行现象。为此,本节采用基于遗传算法优化的模糊控制器来补偿进给系统中的非线性摩擦的影响。

1. 基于遗传算法的模糊控制器结构

基于遗传算法的模糊控制器结构如图 5.35 所示。根据前文模糊控制器的设计,将三个输出量改为一个控制量 u。这种控制算法结合了遗传算法和模糊控制各自的优点,且不依赖于精确的系统模型。其工作原理是将模糊控制器的模糊规则编码成遗传算法的染色体,用遗传算法在线优化控制规则,使模糊控制器具有自学习的功能。

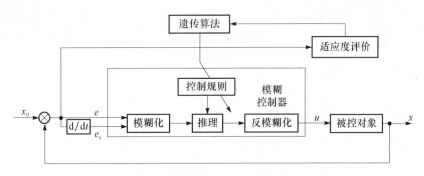

图 5.35　基于遗传算法的模糊控制器结构

2. 编码和初始群体

模糊控制器的输入 e 的模糊子集分别为 $\{NB, NM, NS, NO, PO, PS, PM, PB\}$,而 e_c、u 则为 $\{NB, NM, NS, O, PS, PM, PB\}$,从而组成 56 条控制规则。如果采用二进制编码,每条控制规则至少要用三位二进制数表示。由于模糊控制规则共有 56 条,这样染色体的长度将至少有 168 位,染色体过长必然会加大遗传算法的搜索空间。为了减少染色体长度和缩短优化时间,控制规则采用了十进制表示法。使用十进制整数 1 到 8,构成一个十进制编码符号串的个体基因型。结合 MATLAB 中的模糊工具箱设计,将每条控制规则用一位十进制整数表示,如 NB 编码为 1,NM 为 2,依次类推,e_c、u 模糊子集编码为 $[1,2,3,4,5,6,7]$,e 为 $[1,2,3,4,5,6,7,8]$。根据十进制编码,得到控制规则的编码如下所示:

$$11\ x_1 11\quad 12\ x_2 11\quad \cdots\cdots\quad 86\ x_{55} 11\quad 87\ x_{56} 11$$

其中 x_i 为个体基因,因此染色体长度为 56 位。因此染色体结构为:

$$x1\ x2\ x3\cdots\cdots x54\ x55\ x56$$

本节采用随机的方法产生初始群体,这样产生的群体相似度接近 0,从而确保初始群体的多样性。而种群规模应通过实际问题的试算来确定,因为群体规模越大,群体中个体的多样性越高,算法陷入局部解的危险性就越小,但会影响个体竞争,且随之会造成计算量增加。但如果群体规模太小,会使遗传算法的搜索空间中分布范围有限,可能使搜索停止在未成熟阶段,引起未成熟收敛现象。

3. 适应度的选择计算

遗传算法优化模糊控制器的过程直接面向被控对象,但由于实际对象的数学模型难以建立,导致遗传算法的适应度函数的选取较为困难。因此适应度函数通常选择控制系统的目标函数作为基准函数。对不同的目标函数的优化结果进行比较可知,ITAE 积分性能指标能够综合评价控制系统的动态和静态性能,如响应快、调节时间短、超调量小等是控制系统中首选的性能评价函数。其表达式为

$$J(ITAE) = \int_0^\infty t \mid e(t) \mid dt = min \tag{5.36}$$

J(ITAE)表示误差函数加权时间后的积分面积大小(I 表示积分,T 表示时间,A 表示绝对值,E 表示误差)。

选取 ITAE 性能指标作为适应度函数:

$$Fitness = f(t) = J \tag{5.37}$$

4. 包含摩擦补偿的模糊控制伺服系统动态响应

根据前面的分析可知,当系统处于静摩擦阶段时,速度 $v=0$,而此时的摩擦力随外力的变化而变化。为了能够表达此阶段的静摩擦力现象,当 $v=0$ 时在摩擦仿真模型中加一前馈通道,摩擦力等于外力 F_e。这一作用在 Simulink 中通过逻辑运算模块实现。设定 $-V < v < +V$ 时 $v=0$,V 取 1×10^{-5}。图 5.36 为包含摩擦补偿的模糊控制伺服系统模型。

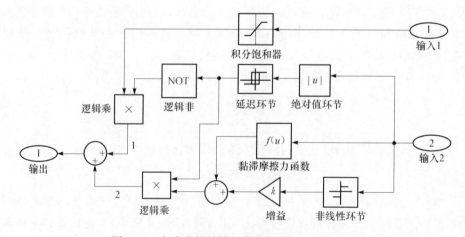

图 5.36　包含摩擦补偿的模糊控制伺服系统模型

图 5.36 中,输入 1、输入 2 分别为 F_e 和 v,输出为摩擦力 F。其中绝对值环节和延迟环节模块用于实现 $|v| \geqslant V$ 和 $|v| < V$ 的转换。当 $|v| < V$ 时,通道 1 接通,摩擦力输出值为 F_e,符合 $v=0$ 时摩擦力等于外力。通道 1 具有饱和特性,其饱和值等于静摩擦力 F_s。当 $|v| \geqslant V$ 时,通道 2 接通,输出为 Stribeck 摩擦力。摩擦模型的仿真参数为:最大静摩擦力 $F_s=2600N$,库仑摩擦力 $F_c=1800N$,黏滞摩擦系数 $b=5.7$,Stribeck 临界速度 $v_{str}=0.001m/s$。

由于低速非线性静摩擦的影响,进给伺服系统在跟踪斜坡信号时会产生爬行现象。在没有摩擦补偿的情况下采用 PID 控制的仿真结果如图 5.37 所示,可以明显看到爬行现象。

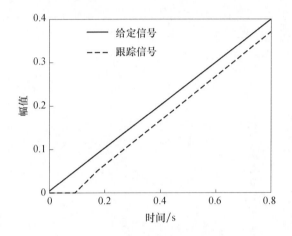

图 5.37　PID 控制下的斜坡跟踪曲线

加入带有摩擦力补偿的遗传算法模糊控制器。选取三组不同的遗传算法初始值 Init1、Init2、Init3,如表 5.11 所示。设遗传算法的种群大小 $M=30$,交叉概率 $P_{cross}=0.8$,变异概率 $P_{mutation}=0.08$,经过 $T=10$ 次迭代,各组最佳适应度分别为 Fitness1$=0.0005$,Fitness2$=0.0055$,Fitness3$=0.0015$,各组的最佳解见表 5.12。图 5.38、图 5.39、图 5.40 分别为各组初始值的系统斜坡跟踪曲线和平均适应度迭代曲线。

表 5.11　不同的初始值——Init1/Init2/Init3

7/1/5	2/6/4	5/4/7	4/5/4	6/6/4	6/7/6	4/5/4	1/2/2
6/3/5	4/7/6	5/7/1	6/3/5	7/6/3	5/1/6	2/3/4	3/6/5
7/1/4	7/2/3	3/2/2	6/2/2	1/5/5	3/3/3	6/2/4	1/1/2
2/5/5	2/4/3	2/7/6	5/4/6	3/4/5	2/6/4	1/4/6	5/2/6
4/5/5	7/6/6	4/1/5	4/5/3	6/3/5	4/6/3	2/4/4	5/5/5
6/4/3	1/3/6	5/2/4	3/2/3	6/5/5	4/3/4	3/4/4	2/5/5
4/5/5	4/3/6	5/6/7	5/6/4	6/5/6	7/4/2	4/6/7	6/3/3

表 5.12　最佳解——Value1/Value2/Value3

5/6/4	3/7/5	5/4/4	4/6/3	7/5/4	2/3/2	5/5/4	3/3/3
4/7/3	4/4/6	5/2/6	2/6/7	5/4/4	6/2/1	3/5/5	4/1/6
7/7/6	6/2/2	5/2/5	3/5/4	6/1/7	7/3/4	3/3/2	7/1/4
4/2/2	1/3/7	3/6/3	5/6/1	4/1/6	2/5/6	2/6/3	7/5/4
3/7/7	2/6/2	1/5/7	5/3/5	5/6/6	1/1/2	2/1/4	6/5/1
6/7/6	4/2/3	5/3/3	7/2/3	4/4/6	6/6/3	4/3/4	7/3/2
1/3/6	7/5/4	2/5/2	6/7/4	5/6/2	4/4/6	1/5/3	4/1/6

　　可以看出：①相比较于 PID 控制补偿，基于遗传算法的模糊控制器能够有效地抑制低速爬行现象。②不同的初始值对遗传算法的收敛速度和对系统的摩擦补偿效果有一定的影响。在三组不同的初始值情况下，第一组的算法收敛最快，且获得的补偿效果最佳，跟踪误差最小。

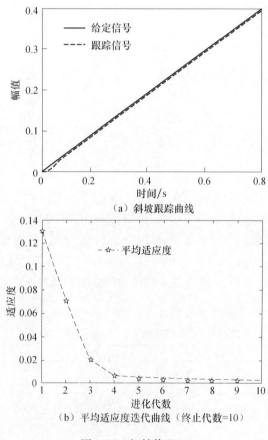

（a）斜坡跟踪曲线

（b）平均适应度迭代曲线（终止代数=10）

图 5.38　初始值 Init1

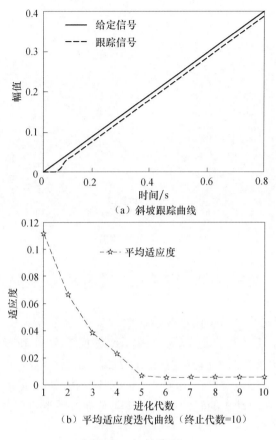

（a）斜坡跟踪曲线

（b）平均适应度迭代曲线（终止代数=10）

图 5.39　初始值 Init2

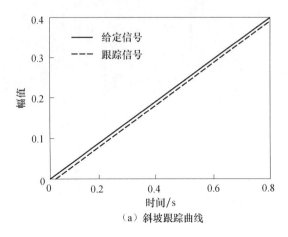

（a）斜坡跟踪曲线

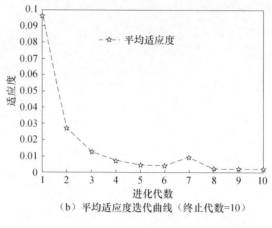

（b）平均适应度迭代曲线（终止代数=10）

图 5.40　初始值 Init3

5.5　数控化改造磨床的机电动态性能分析

本节以 CA5116E 立车数控化改造成的滚道磨床为对象，研究其横向进给系统改造后的机电动态性能。改造前后的机床结构如图 5.41 和图 5.42 所示。

改造后的横向进给系统由额定扭矩为 27N·m 的伺服电动机直接驱动滚珠丝杠，从而带动主轴箱运动。在改造时，为了平衡主轴箱的重量，设置了平衡液压油缸，从而减轻伺服电动机的驱动负载。磨削时进给系统克服的外部载荷主要是切削负载和摩擦负载。

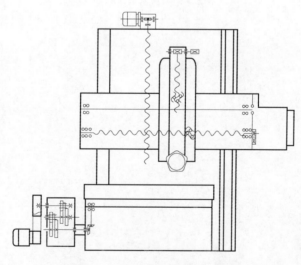

图 5.41　改造前机床结构示意图

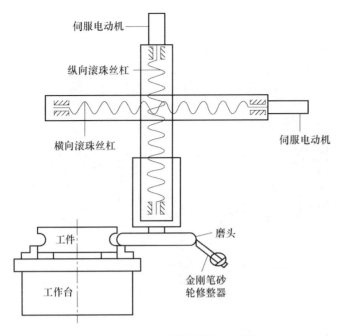

图 5.42　改造后机床结构示意图

在 MATLAB 的 Simulink 环境下,建立该进给系统的机电模型如图 5.43 所示。考虑到位置环是决定控制系统动态性能的主要因素,因此对位置环采用模糊 PID 控制,速度环和电流环仍采用传统的 PI 控制,另外该模型特别考虑到了间隙的实际存在,综合考察该系统对位置信号的动态响应。模型中自适应模糊 PID 控制器的设置如图 5.44 所示。模糊 PID 控制器通过对系统输入误差 E 和误差变化量 E_c 的模糊逻辑推理分别输出对比例、积分、微分三个参数的实时变化量,从而不断修正系统控制参数,达到最佳的控制效果。K_p、K_i、K_d 分别为比例、积分和微分环节的参数;逻辑乘 1、逻辑乘 2、逻辑乘 3 分别为模糊控制输出的修正变量与比例、积分和微分环节的接口。其他参数设置如下:

(1) 永磁同步电动机参数参照西门子电动机手册设置:额定电压 $U_{dc}=310V$;磁极对数 $n_p=4$;转动惯量 $J=0.008kg \cdot m^2$;电枢电阻 $R_s=2.875\Omega$;交直轴同步电感 $L_d=L_q=0.0085H$;$\psi_r=0.175Wb$。

(2) 初始位置给定:0.6;机械负载:在 $t=0$ 时刻,带负载 $T_L=22N \cdot m$ 启动;在 $t=0.04s$ 时负载跃变为 $T_L=18N \cdot m$;PI 环节限幅为:$[-30,30]$;外环模糊 PID 控制:$K_p=0.5$,$K_i=1.8$;内环 PI 控制:$K_p=50$,$K_i=2.6$。该机电系统的动态响应如图 5.45 所示。

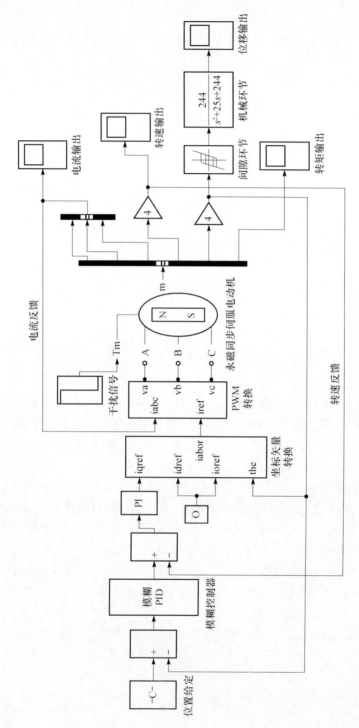

图5.43　改造机床进给系统机电仿真模型

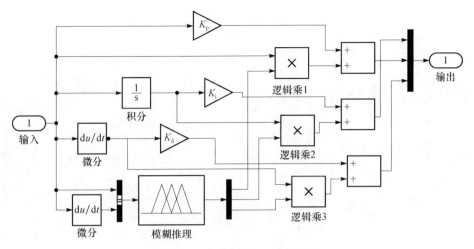

图 5.44 自适应模糊 PID 控制器

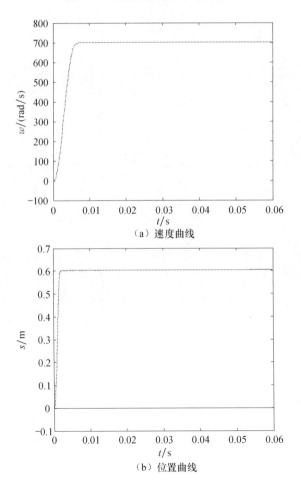

（a）速度曲线

（b）位置曲线

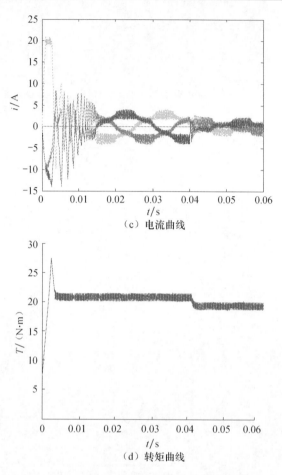

（c）电流曲线

（d）转矩曲线

图 5.45　改造机床横向进给系统动态响应

从位置响应曲线可以看出，启动过程中平稳、无超调，并且在负载转矩波动时，位置输出几乎不受影响，整个过程只有轻微的抖动，这是间隙的存在影响到了进给系统输出的平稳性。所以为了提高动态响应的平稳性，一是要提高零部件的精度，特别是对原机床留用的一些部件进行精度修复，尽量减少安装时的安装误差；二是设置数控系统中的间隙补偿参数，减少间隙对动态响应的影响。

转速响应曲线与位置响应曲线相似，只经过 7ms 的调节时间就达到稳定值，也没有超调；在转矩响应曲线中，在启动时刻，电磁转矩很快达到 27N·m，启动结束后很快稳定在 22N·m 附近，并且在负载转矩突变为 18N·m 时，电磁转矩几乎不经过振荡很快稳定在设定值 18N·m 附近；三相定子相电流曲线的峰值波动范围为−15～+21A，随后达到稳定值。由此可以看出，采用模糊 PID 控制算法，进给系统的动态性能得到较好的提高。

第 6 章　改造机床的可靠性分析与增长

机床进行数控化改造,精度、速度等技术参数是要主要保证的性能指标,但机床的可靠性也是不能忽视的重要方面。用户选择数控化改造机床最大的担心就是机床使用和运行过程中的质量,即可靠性。一般的可靠性分析建立在大量统计数据的基础上,像大批量生产的电子元器件,可靠性分析已经比较成熟。而机床改造通常都是单台套,即使有同类型的数量也比较少,因此样本数据少是改造机床可靠性研究的一个特点。本章以由滚齿机改造成的数控铣齿机为对象,分别采用概率有限元法和实验数据分析法来阐述改造机床的可靠性研究方法,并提出实现可靠性增长的相关措施。

6.1　改造机床进给减速器的可靠性分析

机床数控化改造的最多和最主要的工作都是集中在进给系统上。从进给系统改造方案的选择上看,采用电动机直联滚珠丝杠,可以大大提高进给系统的定位精度,这对于驱动扭矩较小的中小型机床可以采用,但是对于驱动扭矩较大的大重型机床,需要大扭矩的伺服电动机,一方面大扭矩电动机成本很高,另一方面大扭矩电动机尺寸很大,不利于改造机床的结构安排。所以通常采用的方法是采用伺服电动机加一级减速器的方法,在牺牲部分精度的前提下,增加电动机的输出扭矩,降低改造的成本。在这种方案中,影响改造机床可靠性的关键环节就是减速器。图 6.1 所示就是作者在改造中常用的两种减速器,其中图 6.1(a)是标准的行星齿轮减速器;图 6.1(b)是自行设计制造的一级齿轮减速器。

减速器是一个较为复杂的机械系统,伺服电动机的动力通过齿轮减速器传动最终传递给滚珠丝杠。在减速器的可靠性分析中,齿轮的可靠性问题比较突出,基本可以代表整个减速器的可靠性。故本章通过分析渐开线直齿圆柱齿轮的可靠性,进而间接预测减速器的可靠性。

6.1.1　减速器零部件功能系数分析

为全面分析影响减速器可靠性的因素,开始时应确定减速器系统所有的零部件,用重要度对比法将系统零部件按影响可靠性的大小进行区分,按其重要性分为

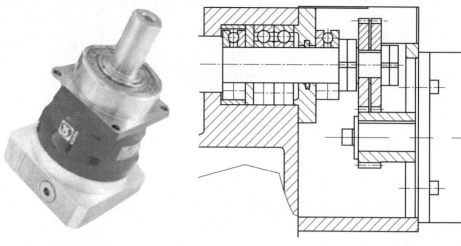

（a）标准的行星齿轮减速器　　　　　　（b）自行设计制造的齿轮减速器

图 6.1　进给系统常用减速器

A（重要的）、B（次要的）、C（影响较小的），如表 6.1 所示。计算系统可靠性一般只考虑 A 类零件的影响，由表 6.1 可知，分析减速器可靠性时只需考虑轴和齿轮的可靠性即可，结合工程经验，在减速器使用过程中一般是齿轮比较容易损坏，因此只需要对齿轮的可靠性进行分析。

表 6.1　减速器功能元件分析

序　号	零件名称	性　质	序　号	零件名称	性　质
1	箱体	C	14	挡圈1	C
2	箱盖	C	15	挡圈1	C
3	箱体螺栓	C	16	挡环	C
4	密封垫圈	C	17	轴承端盖1	C
5	输入轴	A	18	轴承端盖2	C
6	输出轴	A	19	轴承端盖3	C
7	齿轮1	A	20	轴承端盖4	C
8	齿轮2	A	21	密封圈1	C
9	键1	A	22	轴承端盖1	C
10	键2	A	23	轴承端盖1	C
11	键3	A	24	轴承端盖1	C
12	轴承对1	A	25	轴承端盖1	C
13	轴承对2	A	26	轴套	B

6.1.2　概率有限元法在齿轮可靠性分析中的应用

常规的有限元是建立在结构系统为确定性的基础上的，即认为机械结构和零部件的尺寸、载荷、材料性质和环境条件等都是确定性的。实际上，这些设计变量总有某种程度上的随机性和分散性,可以用某种随机过程或概率分布来描述,考虑设计参数的随机性是可靠性分析的任务,这时常规有限元分析就显得无能为力了。目前,普遍使用的概率有限元法有三种:①摄动概率有限元法;②Taylor 展开概率有限元法;③Neumann 展开 Monte-Carlo 概率有限元法。这里主要使用第一种方法,此方法假定随机变量在均值处产生微小的摄动,利用 Taylor 级数把随机变量表示为确定部分和摄动引起的随机部分,从而将有限元位移支配方程转化为一组线性的递推方程,对其求解,得出位移的统计特性。

假设结构的某一参数是随机扰动的,对该参数建立随机模型后,其扰动量可以用一个随机性小参数 a 表示,即将参数表示为确定部分和随机部分之和。a 是均值为零的随机场,维数为 n,它反映了参数的随机性。将 $\boldsymbol{K}\boldsymbol{u}=\boldsymbol{f}$ 中的刚度矩阵 $\boldsymbol{K}$、位移列阵 $\boldsymbol{u}$ 和 $\boldsymbol{f}$ 在均值处的级数展开:

$$\boldsymbol{K}=\bar{\boldsymbol{K}}+\sum_{i=1}^{n}K_{i}a_{i}+\frac{1}{2}\sum_{i=1}^{n}\sum_{j=1}^{n}K_{ij}a_{i}a_{j}$$

$$\boldsymbol{f}=\bar{\boldsymbol{f}}+\sum_{i=1}^{n}f_{i}a_{i}+\frac{1}{2}\sum_{i=1}^{n}\sum_{j=1}^{n}f_{ij}a_{i}a_{j}$$

$$\boldsymbol{u}=\bar{\boldsymbol{u}}+\sum_{i=1}^{n}u_{i}a_{i}+\frac{1}{2}\sum_{i=1}^{n}\sum_{j=1}^{n}u_{ij}a_{i}a_{j} \tag{6.1}$$

式中,$\bar{\boldsymbol{K}}$、$\bar{\boldsymbol{u}}$ 和 $\bar{\boldsymbol{f}}$ 分别表示刚度矩阵 $\boldsymbol{K}$、位移矩阵 $\boldsymbol{u}$ 和载荷矩阵 $\boldsymbol{f}$ 的均值矩阵,它们是确定性量;K,u,f 中的下标 i 和 j 表示对 a_{i} 和 a_{j} 求偏导数:

$$\bar{\boldsymbol{K}}\bar{\boldsymbol{u}}=\bar{\boldsymbol{f}} \tag{6.2}$$

$$\bar{\boldsymbol{K}}u_{i}=f_{i}-K_{i}\bar{u} \qquad i=1,2,\cdots,n \tag{6.3}$$

$$\bar{\boldsymbol{K}}u_{ij}=f_{ij}-K_{i}u_{j}-K_{j}u_{i}-K_{ij}\bar{u} \qquad i,j=1,2,\cdots,n \tag{6.4}$$

在式(6.3)中,需要求解 n 次线性代数方程组;在式(6.4)中,需要求解 n^{2} 次线性代数方程组。利用式(6.2)可以求得确定性位移 $\bar{u}$,代入式(6.3)的右端,可求出位移的一阶变量 u_{i};再将 $\bar{u}$、u_{i} 代入式(6.4)的右端,可解得位移的二阶变量 u_{ij},由此可以分别得出二阶位移的均值和协方差的计算公式为

$$E(u)=\bar{u}+\frac{1}{2}\sum_{i=1}^{n}\sum_{j=1}^{n}u_{ij}E(a_{i},a_{j}) \tag{6.5}$$

$$V(u)=\sum_{i=1}^{n}\sum_{j=1}^{n}u_{i}u_{j}E(a_{i},a_{j})$$
$$+\frac{1}{4}\sum_{i=1}^{n}\sum_{j=1}^{n}\sum_{k=1}^{n}\sum_{l=1}^{n}u_{ij}u_{kl}[E(a_{i},a_{l})\times E(a_{j},a_{k})+E(a_{i},a_{k})\times E(a_{j},a_{l})]$$
$$\tag{6.6}$$

由应力的二阶 Taylor 级数展开和应力位移关系,可以得到单元应力的均值和协方差的计算公式为

$$E(\sigma^i) = \overline{D}^i B^i \overline{u}^i + \frac{1}{2} \sum_{k=1}^{n} \sum_{l=1}^{n} \left(\overline{D}^i \frac{\partial^2 B^i}{\partial a_k \partial a_l} + \frac{\partial D^i}{\partial a_k} \frac{\partial B^i}{\partial a_l} + \frac{\partial D^i}{\partial a_l} \frac{\partial B^i}{\partial a_k} + \frac{\partial^2 D^i}{\partial a_k \partial a_l} B^i \right)$$

$$\times \frac{\partial u^i}{\partial a_i} E(a_k, a_l) + \sum_{k=1}^{n} \sum_{l=1}^{n} \left(\frac{\partial D^i}{\partial a_k} B^i + \overline{D}^i \frac{\partial B^i}{\partial a_k} \right) \times \frac{\partial u^i}{\partial a_l} E(a_k, a_l)$$

$$+ \overline{D}^i B^i \times \frac{1}{2} \sum_{k=1}^{n} \sum_{l=1}^{n} \frac{\partial^2 u^i}{\partial a_k \partial a_l} E(a_k, a_l) \tag{6.7}$$

$$V(\sigma^i, \sigma^j) = \sum_{k=1}^{n} \sum_{l=1}^{n} \left(\frac{\partial D^i}{\partial a_k} B^i \overline{u}^i + \overline{D}^i \frac{\partial B^i}{\partial a_k} \overline{u}^i + \overline{D}^i B^i \frac{\partial u^i}{\partial a_k} \right)$$

$$\times \left(\frac{\partial D^j}{\partial a_l} B^j \overline{u}^j + \overline{D}^j B^j \frac{\partial u^j}{\partial a_l} + \overline{D}^j \frac{\partial B^j}{\partial a_l} \overline{u}^j \right) \times E(a_k, a_l) \tag{6.8}$$

1. 建立齿轮可靠性模型

对于齿根弯曲疲劳强度,设齿轮材料的疲劳极限为 σ_L,工作应力为 σ_B,则功能函数为

$$g(x) = \sigma_L - \sigma_B \tag{6.9}$$

式中,x 为基本随机变量,对于齿轮,可取功率 P、转速 n、疲劳极限 σ_L,它们的均值和方差可表示为

$$E(g) = E(\sigma_L - \sigma_B) \tag{6.10}$$

$$V(g) = V(\sigma_L) \left(\frac{\partial g}{\partial \sigma_L} \right)^2 + V(\sigma_B) \left(\frac{\partial g}{\partial \sigma_B} \right)^2$$

$$\beta = \frac{E(g)}{\sqrt{V(g)}} \tag{6.11}$$

可靠度为

$$R = \Phi(\beta) \tag{6.12}$$

$E(\sigma_L)$、$V(\sigma_L)$ 已知,利用摄动概率有限元法求解出 $E(\sigma_B)$、$V(\sigma_B)$,即可求出齿轮的可靠性。

2. 齿轮可靠性计算流程图

摄动概率有限元法计算齿轮可靠性的流程如图 6.2 所示。

6.1.3　齿轮可靠性计算实例

1. 计算齿轮的应力

1) 小齿轮的有关计算参数

齿数 $z_1 = 30$,模数 $m = 4\text{mm}$,传递功率 $P = 2.5\text{kW}$,齿宽 $b_1 = 120\text{mm}$,齿轮

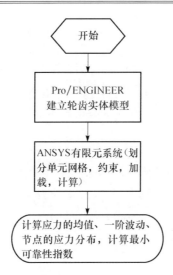

图 6.2　齿轮概率有限元可靠性计算流程图

的转速 $n_1 = 3000$r/min,泊松比 $\mu = 0.3$,密度 $\rho = 7.74 \times 10^3$ kg/m^3,传动比 $i =$ 3,材料:40Cr 调质处理,齿面硬度 $250 \sim 280$HBS,每天一班,预期 10 年。将齿轮输入功率 P、齿轮的转速 n、齿根弯曲疲劳极限 σ_L 作为基本随机变量,其均值和方差分别为 $\overline{P} = 2.5$kW,$\Delta P = 1.0^2$,$\overline{n} = 3000$r/min,$\Delta n = 300^2$,$\sigma_L = 414$N/mm^2,$\Delta \sigma_L = 40$N/mm^2。

2)建立有限元计算模型

齿轮有限元模型如图 6.3 所示。

3)材料参数及网格的划分

根据齿轮材料的力学性能(主要是弹性模量 E 和泊松比 μ)设定材料属性。采用平面 4 节点壳单元 shell63,并用壳单元对轮齿进行智能网格划分,并在齿根处适当加密。对计算实例的小齿轮轮齿模型共划分 3046 个单元,1617 个节点,如图 6.4 所示。

图 6.3　齿轮有限元模型　　　　　　　　图 6.4　齿轮网格的划分

4) 边界条件和加载

当轮齿受力时,齿轮体不可能绝对刚性,与轮齿相连部分也有变形。一般认为当离齿根的深度达到 $1.5m(m$ 为模数)处基本不再受影响,可以近似看做该处的实际位移为零。因此,确定约束边界的范围是:边界深度 $1.75m$,边界宽度为 $6m$,外载荷作用在与端面平行的平面内,沿齿宽方向均匀分布。

2. 齿轮可靠性分析

由于二阶波动对齿轮的可靠性影响较小,计算时摄动因子展开至一阶,计算齿根应力确定值及一阶波动值,然后求解出 $E(\sigma_B)$、$V(\sigma_B)$,即可求出齿轮的可靠性。

$$f_n = A\frac{P}{n} = A\frac{\overline{P}}{\overline{n}} + A\frac{\overline{P}}{\overline{n}}(a-\beta) = \overline{f}_n + \Delta f_n \tag{6.13}$$

$$\overline{f}_n = A\frac{\overline{P}}{\overline{n}} = 141(\text{N}) \tag{6.14}$$

式(6.13)中,$A = 9550/(r\times\cos 20°)$;$r$ 为齿轮分度圆的半径;$\overline{f}_n$ 为齿面正压力确定值;根据 $\overline{f}_n$ 的值可用有限元计算出齿根应力确定值 σ_B,如图 6.5 所示,摄动概率有限元法在实际工程中已经得到了应用,选取不同的摄动因子,节点应力计算结果不同。

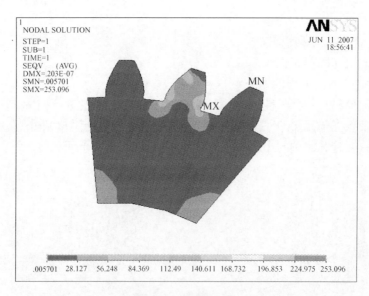

图 6.5　齿根应力值

当摄动因子取 $a-\beta = 0.01$ 时,计算齿根应力的一阶波动值如图 6.6 所示。其中齿根应力的一阶波动值的最大值 $(\sigma_B)_{\max}$,见表 6.2。

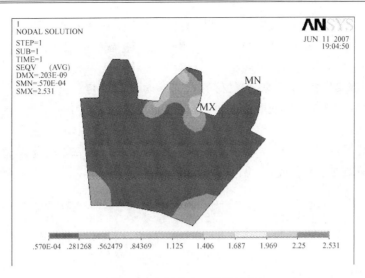

图 6.6 齿根应力一阶波动值

表 6.2 节点应力分布

ANSYS 计算次数	$a-\beta$	$\Delta f_n/N$	$(\sigma_B)_{\max}/(N/mm^2)$
1	0.01	1.41	2.53

由齿根应力的确定值和一阶波动值的最大值,可求得其均值 $E(\sigma_B)$ 和方差 $V(\sigma_B)$。其中,$E(\sigma_B)$ 即为应力的确定值,$V(\sigma_B)$ 按以下公式计算:

$$V(\sigma_B) = \sqrt{\sum_{i=1}^{n} \left(\frac{\partial \sigma}{\partial X_i}\right)^2 \sigma^2 x_i} \qquad n = 1 \tag{6.15}$$

$$\sigma_{X_1} = \frac{\mu_P}{\mu_n} \sqrt{\left(\frac{\sigma_P}{\mu_P}\right)^2 + \left(\frac{\sigma_n}{\mu_n}\right)^2} \tag{6.16}$$

$$V(\sigma_B) = 0.008(N/mm^2) \tag{6.17}$$

$$\beta = \frac{E(\sigma_L) - E(\sigma_B)}{\sqrt{V(\sigma_L) + V(\sigma_B)}} = 4.03 \tag{6.18}$$

查正态分布表得 $R = \Phi(4.03) \approx 1$,这表明该齿轮的可靠性还是较高的,进而说明该减速器的可靠性能满足使用要求。

6.2 改造机床运动结合部的模糊可靠性分析

6.2.1 影响运动结合部可靠性的基本规律

统计资料表明,机床功能的失效大约有 80% 是因运动结合部的摩擦磨损引起的,正确认识和掌握运动结合部的磨损规律,是做好机床维护和修理,提高其可靠性

的重要依据。影响机床运动结合部耐磨性的因素很多,归纳起来有以下方面:

(1) 两个摩擦零件材料的物理、化学特性及摩擦副的匹配。

(2) 摩擦表面的机械特性、结构特点及表面粗糙度。

(3) 摩擦副的工作状况,如载荷的大小、相对滑动速度的高低等。

(4) 外部摩擦条件,如周围介质、润滑状况、温度及环境条件。

由以上诸方面的影响,考虑各种影响因素建立通用精确的磨损量与时间的变化规律是比较困难的。但在工程实践中,磨损量随时间的基本变化规律在一定意义上也是存在的,如图 6.7 和图 6.8 所示。

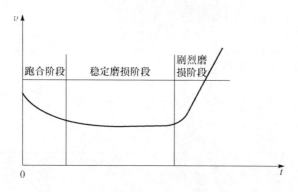

图 6.7　磨损速度与磨损时间的关系

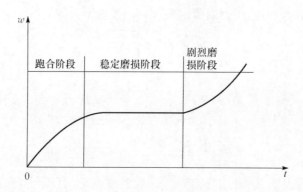

图 6.8　磨损量与磨损时间的关系

如图 6.7 和图 6.8 所示,跑合阶段是由于运动表面因机械加工形成的表面波峰在运行过程中容易磨去,故而磨损速度开始很高而后来下降,进而磨损量随时间的变化曲线呈下弯曲线形式;稳定磨损阶段运动结合部表面波峰基本磨平,磨损速度保持稳定,磨损量与时间基本呈线性关系;剧烈磨损阶段是由于磨损量超过允许值,摩擦副的间隙过大,引起工作条件恶化,磨损速度与磨损量明显加快。在此阶段运动部件会因失去允许的精度,达不到工作性能要求而被判定为失效。

由运动结合部的磨损过程可知,在稳定阶段的磨损具有一定的规律可循。因此,所研究的可靠性也是以稳定磨损阶段的参数和特性为依据。

稳定阶段磨损量与时间的关系为

$$\omega = Vt \tag{6.19}$$

式中,ω 为磨损量,即沿摩擦表面垂直方向测量的尺寸减小量,μm;V 为磨损速度,即单位时间内的磨损量,μm/h;t 为磨损时间,h。

若考虑跑合阶段的磨损量,则有

$$\omega = \omega_1 + Vt \tag{6.20}$$

一般情况下,机械零件的磨损速度 V 与摩擦表面的正压力 P,摩擦表面的相对滑动速度 v,摩擦表面的性态及加工、处理情况和润滑情况 k,工作时间有关,可表达为

$$V = kP^m v^n \tag{6.21}$$

式中,$m=0.5\sim3$,对于磨料磨损,$m=1$,对于大多数摩擦副,m 可取 1;当摩擦副及工作条件确定时,k 是定值。显然,磨损速度 V、摩擦表面的正压力 P 及摩擦表面的相对滑动速度 v 均具有分散性,是随机变量。它们均呈正态分布,则有

$$\bar{V} = k\bar{P}^m \bar{v}^n \tag{6.22}$$

$$\sigma_V = k\bar{P}^m \bar{v}^n \left[\left(\frac{m\sigma_P}{\bar{P}} \right)^2 + \left(\frac{n\sigma_V}{\bar{v}} \right)^2 \right]^{\frac{1}{2}} \tag{6.23}$$

在给定工作寿命 t 的条件下,即按式(6.19)计算得磨损量均值和标准差:

$$\left. \begin{array}{l} \bar{\omega} = \bar{V}t \\ \sigma_\omega = \sigma_V t \end{array} \right\} \tag{6.24}$$

机械摩擦副的磨损量和耐磨寿命均是随机量,都具有一定的分散性,并且随着工作时间的增加,其磨损分散程度越来越大。

6.2.2　运动结合部的可靠性模型

以导轨-滑台为研究对象来建立运动结合部的可靠性模型。表征导轨可靠性的导轨精度状态呈现一定的模糊性,因而在可靠度计算时,引入模糊数学对运动结合部的可靠性进行分析。

模糊可靠性分析按功能函数的取值把运动结合部划分为三种状态:安全状态、模糊状态和失效状态,其中模糊状态是描述结合部从安全状态到失效状态之间的过渡过程,因此机床运动结合部所处的安全状态实际上是一模糊事件 $\underset{\sim}{A}$,用 $\underset{\sim}{A}$ 的隶属函数 $\mu(s)$ 来描述。根据模糊事件的概率度量可知,运动结合部的模糊可靠度概率为

$$R = P(s \leqslant a_1) = \int_{-\infty}^{+\infty} f_s(s)\mu(s)\mathrm{d}s \tag{6.25}$$

式中，$f_s(s)$ 为随机变量 s 的概率密度函数；$\mu(s)$ 为 $\underset{\sim}{A}$ 的隶属函数；s 为结合部的实际磨损量；a_1 为结合部的允许磨损量。

1. 隶属函数的确定

模糊集合是用隶属度函数描述的特征函数，在模糊集合论中占有极其重要的地位。在经典集合中，特征函数只能取 0 和 1 两个值，而在模糊集合中，其特征函数的取值范围从两个元素的集合扩大到[0,1]区间连续取值，为了把两者区分开来，把模糊集合的特征函数称作隶属度函数。隶属度函数是模糊集合论的基础，因而如何确定隶属度函数就是一个关键问题。由于模糊集研究的对象具有模糊性和经验性，故找到一种统一的隶属度计算方法是不现实的。隶属度函数实质上反映的是事物的渐变性。在机械可靠性设计中，当缺乏可靠性设计数据和对设计中模糊信息缺乏认识时，为反映设计中的模糊信息，开始可选用一个模糊分布建立的隶属函数。从整体而言，只要该隶属函数能大致反映设计中的模糊性即可，这样处理比舍去模糊性要合理。

1) 常用隶属函数

通常将实数上的隶属函数称为模糊分布，隶属函数的理论分布有很多种，鉴于工程设计中有很多设计变量都是连续型随机变量，而在机械可靠性中经常遇到的是如下问题：如允许的磨损量、允许的变形量以及允许的制动距离等。对于这类问题，应采用戒上型的隶属函数，如降半矩形、降半梯形、降半正态等隶属函数，其中较为常用的是降半梯形、降半正态隶属函数。

（1）常用的戒上型隶属函数。

① 降半矩形隶属函数为

$$\mu_{\underset{\sim}{A}}(x) = \begin{cases} 1 & x \leqslant a \\ 0 & x > a \end{cases} \tag{6.26}$$

② 降半梯形隶属函数为

$$\mu_{\underset{\sim}{A}}(x) = \begin{cases} 1 & x < a_1 \\ \dfrac{a_2 - x}{a_2 - a_1} & a_1 \leqslant x \leqslant a_2 \\ 0 & x \geqslant a_2 \end{cases} \tag{6.27}$$

（2）常用的中间型隶属函数。

对于"在某值左右"的模糊子集，可采用中间型隶属函数。有些模糊子集也属于中间型隶属函数。常用的有矩形隶属函数、梯形隶属函数、正态隶属函数。

① 矩形隶属函数为

$$\mu_{\underset{\sim}{A}}(x) = \begin{cases} 1 & a - b < x \leqslant a + b \\ 0 & 其他 \end{cases} \tag{6.28}$$

② 梯形隶属函数为

$$\mu_{\underline{A}}(x) = \begin{cases} \dfrac{a_2 + x - a}{a_2 - a_1} & a - a_2 < x \leqslant a - a_1 \\ 1 & a - a_1 < x \leqslant a + a_1 \\ \dfrac{a_2 - x + a}{a_2 - a_1} & a + a_1 < x \leqslant a + a_2 \\ 0 & 其他 \end{cases} \tag{6.29}$$

③ 正态隶属函数为

$$\mu_{\underline{A}}(x) = e^{-k(x-a)^2} \qquad k > 0 \tag{6.30}$$

2) 隶属函数的参数确定

根据经验,选择图 6.9 所示的隶属函数,根据导轨磨损量的值确定中间过渡过程中磨损量的上下限 a_1 和 a_2,其中 a_1 一般取允许的磨损量,根据经验由扩增系数法加以确定,通常取 $a_2 = (1.05 \sim 1.3)a_1$。

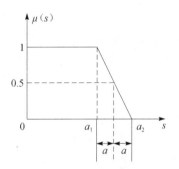

图 6.9　隶属函数

图 6.9 所示的隶属函数用公式表示为

$$\mu_{\underline{A}}(x) = \begin{cases} 1 & x < a_1 \\ \dfrac{a_2 - x}{a_2 - a_1} & a_1 \leqslant x \leqslant a_2 \\ 0 & x \geqslant a_2 \end{cases}$$

设磨损量 U 与时间有线性关系,则在磨损浴盆曲线的稳定磨损阶段,磨损量可表示为

$$U = U_0 + Vt \tag{6.31}$$

式中,U_0 为初始间隙,μm;V 为磨损速度,μm/h;t 为工作时间,h。

2. 分布函数的确定

机床导轨-滑台结合部的初始间隙和磨损速度都是随机因数的函数,可视为服从正态分布。由初始间隙和磨损速度的均值和标准差可以计算出结合部磨损量的均值和标准差。根据磨损量的均值 μ_u、标准差 σ_u 及导轨磨损量的概率密度和描述结合部安全模糊事件的隶属函数可算得运动结合部安全的概率,即可靠性。由于假设运动结合部磨损量服从正态分布,其概率密度函数为

$$f_u(s) = \frac{1}{\sqrt{2\pi}\sigma_u} \exp\left[-\frac{(s-\mu_u)^2}{2\sigma_u^2}\right] \tag{6.32}$$

则由式(6.32)得机床运动结合部的可靠性为

$$R = P(u \leqslant a_1) = \int_{-\infty}^{a_1} f_u(u)\,\mathrm{d}u + \int_{a_1}^{a_2} \frac{a_2-u}{a_2-a_1} f_u(u)\,\mathrm{d}u$$

$$= \frac{1}{a_2-a_1}\left\{(a_2-\mu_u)\Phi\left(\frac{a_2-\mu_u}{\sigma_u}\right) - (a_1-\mu_u)\Phi\left(\frac{a_1-\mu_u}{\sigma_u}\right)\right.$$

$$\left. + \frac{\sigma_u}{\sqrt{2\pi}}\left[\exp\left(-\frac{(a_2-\mu_u)^2}{2\sigma_u^2}\right) - \exp\left(-\frac{(a_1-\mu_u)^2}{2\sigma_u^2}\right)\right]\right\} \tag{6.33}$$

令

$$\beta_1 = \frac{U-a-\mu_u}{\sigma_u}$$

$$\beta_2 = \frac{U+a-\mu_u}{\sigma_u} \tag{6.34}$$

则式(6.33)可记为

$$R = \Phi(\beta_1, \beta_2)$$

$$= \frac{1}{\beta_2-\beta_1}\left\{[\beta_2\Phi(\beta_2) - \beta_1\Phi(\beta_1)] + \frac{1}{\sqrt{2\pi}}\left[\exp\left(-\frac{\beta_2^2}{2}\right) - \exp\left(-\frac{\beta_1^2}{2}\right)\right]\right\} \tag{6.35}$$

3. 模糊可靠性的预测计算

假设改造的铣齿机床滑动导轨的磨损速度的均值为 $0.006\mu\mathrm{m/h}$,标准差为 $0.001119\mu\mathrm{m/h}$,许用磨损量为 $300\mu\mathrm{m}$,初始磨损量为 0,标准差为 $1\mu\mathrm{m}$,求该导轨结合部工作 5 年后的可靠性。

$$U_0(\mu,\sigma) = (0,1)\mu\mathrm{m} \qquad v(\mu,\sigma) = (0.006, 0.001119)\mu\mathrm{m/h}$$

将上述数值代入式(6.32)得

$$U(\mu,\sigma) = U_0(\mu,\sigma) + v(\mu,\sigma)\left(0.006t, \sqrt{1+(0.001119t)^2}\right)\mu\mathrm{m} \tag{6.36}$$

由于该铣齿机床通常是 24h 不停班工作,5 年的工作时间 t 大约为 40000h,代入式(6.36)得

$$U(\mu,\sigma) = (240, 44.77)\mu m$$

考虑到磨损失效的模糊性，把磨损导轨的隶属函数用图 6.9 所示的隶属函数来表示，如果采用扩增因数法，取 $a=0.1U=30\mu m$，根据式（6.34）计算出 $\beta_1=0.67$ 和 $\beta_2=2.01$，将以上数据代入式（6.35）得

$$R=\frac{1}{2.01-0.67}\left\{\left[2.01\Phi(2.01)-0.67\Phi(0.67)\right]\right.$$
$$+\frac{1}{\sqrt{2\pi}}\left[\exp\left(-\frac{(2.01)^2}{2}\right)-\exp\left(-\frac{(0.67)^2}{2}\right)\right]\right\}$$
$$=0.89 \tag{6.37}$$

由计算可知，该改造机床导轨工作 5 年后的模糊可靠性 $R=0.89$，表明还能继续使用，进而说明该机床的改造设计是符合要求的。

6.3　改造机床可靠性分析实例

6.3.1　小样本可靠性数据处理

齿轮广泛应用于航空、船舶、车辆、工程机械和机床等数十种行业中。国内长期采用滚齿、插齿、磨齿等加工工艺，其中滚齿机的数量较多。但在美国、瑞士和德国等西方国家已经开始发展并应用铣齿工艺，铣齿以高速、高效著称，尤其是大模数齿轮的加工已经广泛采用数控铣齿工艺，但数控铣齿机床价格较昂贵。通过对比分析滚齿机和铣齿机的结构发现，由滚齿机改造成数控铣齿机，技术上完全可行（案例分析在第 7 章中详细介绍），而且成本只需百万元左右。现已成功改造了 5 台，并在企业正常使用。本节将就改造的数控铣齿机的可靠性进行分析，可靠性的数据就来源于这 5 台由滚齿机改造成的铣齿机在企业现场的部分实验记录，由于数据有限，属于小样本数据，在进行可靠性评价分析之前，需要进行相应的数据处理。

该实验属于有替换定时截尾试验，截尾时间为 4000h，收集了使用过程中某 6 个月内的故障数据，见表 6.3。

表 6.3　实验样本故障数据表

机床编号	故障起始时间	故障终止时间	故障现象
1	2009-2-9 20:20	2009-2-10 20:00	轴 C 静止误差监控
1	2009-2-12 21:30	2009-2-13 11:00	润滑油泵不供油
1	2009-2-18 14:00	2009-2-18 16:00	轴 Z 驱动报警
1	2009-2-20 10:00	2009-2-20 11:00	主轴油路不供油
1	2009-3-5 13:20	2009-3-6 15:00	工作台放松不起作用

机床编号	故障起始时间	故障终止时间	故障现象
1	2009-4-3 10:10	2009-4-4 0:00	液压钳漏油
1	2009-5-5 13:00	2009-5-10 0:00	主轴箱振动声音大
2	2009-3-14 18:00	2009-3-13 16:00	X 轴丝杠定位不准
2	2009-3-18 13:30	2009-3-18 17:00	X 向锁紧油缸不松开
2	2009-3-23 9:00	2009-3-23 16:00	Z 轴丝杠间隙
2	2009-4-13 13:40	2009-4-13 17:00	主轴箱发热
2	2009-4-29 0:00	2009-4-29 0:00	润滑不启动
2	2009-5-8 15:20	2009-5-10 17:00	主轴油路不供油
2	2009-6-15 0:00	2009-6-16 0:20	主轴箱振动声音大
3	2009-2-5 8:10	2009-2-5 16:00	轴 C 静止误差监控
3	2009-2-14 8:30	2009-2-8 15:00	X 轴丝杠间隙
3	2009-2-17 9:00	2009-2-19 10:00	液压站不稳定
3	2009-2-24 8:20	2009-2-24 10:00	配重链条磨损
3	2009-3-1 11:00	2009-3-1 16:00	防尘罩损坏
3	2009-4-16 7:30	2009-4-17 17:00	主轴油路不供油
3	2009-5-19 8:00	2009-5-20 11:00	主轴箱齿轮损坏
4	2009-2-12 9:40	2009-2-8 8:00	X 轴丝杠间隙
4	2009-2-15 4:00	2009-2-16 20:00	工作台放松不起作用
4	2009-2-17 21:20	2009-2-18 22:00	配重链条磨损
4	2009-3-4 18:30	2009-3-4 20:00	X 轴回参考点不准
4	2009-3-5 9:00	2009-3-5 11:00	液压钳漏油
4	2009-3-15 10:00	2009-3-15 20:00	液压站不稳定
4	2009-4-21 14:20	2009-4-21 15:00	主轴油路不供油
5	2009-2-8 7:00	2009-2-5 15:00	轴 Z 驱动报警
5	2009-2-10 23:00	2009-2-7 20:00	轴 C 静止误差监控
5	2009-3-4 13:00	2009-3-4 17:00	主轴箱振动声音大
5	2009-3-9 18:20	2009-3-9 20:00	伺服电动机损坏
5	2009-3-16 14:00	2009-3-16 18:00	液压站不稳定
5	2009-4-23 7:30	2009-4-25 9:00	主轴油路不供油
5	2009-7-6 15:00	2009-7-8 20:00	主轴箱齿轮损坏

1. 故障间隔时间概率密度的观测值

由概率论可知,正态分布和对数正态分布的概率密度函数曲线呈单峰形,指数分布的概率密度函数曲线呈单调下降形,而威布尔分布的概率密度函数曲线根据其形状参数的不同或呈单峰形或呈单调下降形。由此可知,根据由观测值所拟合出的曲线形状可初步判断出某一随机变量服从何种分布。

根据前述改造的数控铣齿机床现场实验故障间隔时间的观测值来拟合其概率密度函数,将故障间隔时间的观测值 $t \in [20, 3723]$ 分为 15 组,得到该机床故障频率表,如表 6.4 所示。以每组时间的中值为横坐标,每组的概率密度的观测值 $\tilde{f}(t)$ 为纵坐标,$\tilde{f}(t)$ 的计算如下:

$$\widetilde{f}(t) = \frac{n_i}{n \Delta t_i} \tag{6.38}$$

式中，n_i 为每组故障间隔时间中的故障频数；n 为早期故障总频数，本实验为 35 次；Δt_i 为组距，为 246.9h。

由此拟合出的概率密度如图 6.10 所示。

表 6.4　改造的数控铣齿机故障频率

组　号	区间上	区间下	组中值	频　数	频　率	累计频率
1	20	266.9	143.45	9	0.2571	0.2571
2	266.9	513.8	390.35	7	0.2000	0.4571
3	513.8	760.7	637.25	5	0.1429	0.6000
4	760.7	1007.6	884.15	4	0.1143	0.7143
5	1007.6	1254.5	1131.05	0	0.0000	0.7143
6	1254.5	1501.4	1377.95	3	0.0857	0.8000
7	1501.4	1748.3	1624.85	1	0.0286	0.8286
8	1748.3	1995.2	1871.75	2	0.0571	0.8857
9	1995.2	2242.1	2118.65	1	0.0286	0.9143
10	2242.1	2489	2365.55	0	0.0000	0.9143
11	2489	2735.9	2612.45	1	0.0286	0.9429
12	2735.9	2982.8	2859.35	0	0.0000	0.9429
13	2982.8	3229.7	3106.25	1	0.0286	0.9714
14	3229.7	3476.6	3353.15	0	0.0000	0.9714
15	3476.6	3723.5	3600.05	1	0.0286	1.0000

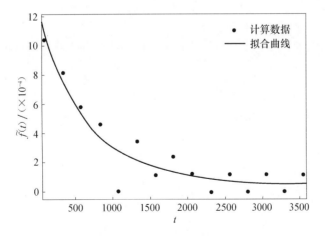

图 6.10　故障概率密度图

由图可知,故障间隔时间的概率密度曲线呈单调下降趋势,而且下降到一定时间后趋于平稳。可见,该系列改造的数控铣齿机床的故障间隔时间服从的分布不是正态分布或对数正态分布,而可能是指数分布或威布尔分布。

2. 故障间隔时间分布模型的拟合检验

这里假设该系列改造的数控铣齿机床的故障间隔时间服从威布尔分布,通过最小二乘法进行参数估计,并运用相关系数法来检验威布尔分布,从而确定该系列改造的数控铣齿机床的故障间隔时间的分布规律。为了便于最小二乘法处理,将改造的数控铣齿机床的故障实验数据整理为表 6.5 所示。

表 6.5　故障实验数据整理表

序　号	时间 t	x	$F(t)$	y	x^2	y^2	xy
1	24.16	3.1847	0.0198	-3.9134	10.1423	15.3148	-12.4631
2	71.00	4.2627	0.0480	-3.0116	18.1704	9.0696	-12.8374
3	110.16	4.7019	0.0763	-2.5341	22.1082	6.4214	-11.9150
4	160.00	5.0752	0.1045	-2.2037	25.7574	4.8562	-11.1841
5	190.30	5.2486	0.1328	-1.9488	27.5478	3.7977	-10.2283
6	200.00	5.2983	0.1610	-1.7397	28.0722	3.0267	-9.2177
7	240.50	5.4827	0.1893	-1.5615	30.0602	2.4384	-8.5614
8	250.00	5.5215	0.2175	-1.4054	30.4865	1.9750	-7.7596
9	260.00	5.5607	0.2458	-1.2657	30.9212	1.6019	-7.0380
10	313.00	5.7462	0.2740	-1.1387	33.0189	1.2967	-6.5435
11	325.16	5.7843	0.3023	-1.0219	33.4583	1.0443	-5.9110
12	341.50	5.8333	0.3305	-0.9132	34.0279	0.8339	-5.3270
13	342.00	5.8348	0.3588	-0.8111	34.0450	0.6580	-4.7329
14	386.00	5.9558	0.3870	-0.7146	35.4720	0.5106	-4.2559
15	457.00	6.1247	0.4153	-0.6225	37.5117	0.3876	-3.8129
16	480.30	6.1744	0.4435	-0.5343	38.1234	0.2855	-3.2988
17	687.00	6.5323	0.4718	-0.4491	42.6714	0.2017	-2.9338
18	671.00	6.5088	0.5000	-0.3665	42.3641	0.1343	-2.3855
19	706.50	6.5603	0.5282	-0.2859	43.0378	0.0818	-1.8759
20	721.00	6.5806	0.5565	-0.2070	43.3048	0.0428	-1.3619
21	725.30	6.5866	0.5847	-0.1291	43.3831	0.0167	-0.8505
22	826.30	6.7170	0.6130	-0.0520	45.1175	0.0027	-0.3494
23	917.60	6.8218	0.6412	0.0248	46.5364	0.0006	0.1692
24	962.00	6.8690	0.6695	0.1018	47.1834	0.0104	0.6990
25	990.00	6.8977	0.6977	0.1794	47.5783	0.0322	1.2373
26	1288.00	7.1608	0.7260	0.2582	51.2777	0.0667	1.8489

续表

序　号	时间 t	x	$F(t)$	y	x^2	y^2	xy
27	1375.30	7.2264	0.7542	0.3389	52.2212	0.1148	2.4490
28	1418.16	7.2571	0.7825	0.4223	52.6657	0.1784	3.0648
29	1734.30	7.4584	0.8107	0.5096	55.6271	0.2597	3.8007
30	1854.30	7.5253	0.8390	0.6023	56.6296	0.3627	4.5322
31	1895.50	7.5472	0.8672	0.7027	56.9608	0.4938	5.3033
32	2165.00	7.6802	0.8955	0.8146	58.9851	0.6637	6.2566
33	2496.00	7.8224	0.9237	0.9453	61.1906	0.8935	7.3942
34	3112.00	8.0430	0.9520	1.1106	64.6902	1.2334	8.9323
35	3631.00	8.1973	0.9802	1.3670	67.1951	1.8686	11.2053

计算得到最小二乘法的拟合线为

$$y = \hat{a} + \hat{b}x = -6.1990 + 0.9116x$$

对于任一组实验数据,按照最小二乘法都能建立线性回归方程,但变量 x 与 y 之间是否真正存在线性相关的关系,这就需要线性相关性检验。相关系数为

$$\hat{\rho} = \frac{\sum\limits_{i=1}^{n} x_i y_i - n\,\overline{xy}}{\sqrt{\left(\sum\limits_{i=1}^{n} x_i^2 - n\bar{x}^2\right)\left(\sum\limits_{i=1}^{n} y_i^2 - n\bar{y}^2\right)}} \tag{6.39}$$

当 $|\rho| > \rho_0$ 时,如果 x 与 y 线性相关,则说明该分布服从威布尔分布。

将值代入式(6.39),得 $\hat{\rho} = 0.9911$。当显著性水平 $\alpha = 0.1$ 时,相关系数为

$$\rho_0 = 1.645 / \sqrt{(n-1)} = 0.282 \tag{6.40}$$

由于 $|\hat{\rho}| > \rho_0$,因此线性回归的效果是显著的,可以认为该改造的数控铣齿机床的故障间隔时间服从威布尔分布。

6.3.2　可靠性模型的确定

通常的可靠性分析都采用单威布尔分布模型,它的特征寿命和形状参数都只有一个,因此分析结果反映的故障特征也只能是单一形式的。但数控化改造机床作为集机、电、液于一体的复杂系统,它的故障是由多种原因或机理共同作用下产生的,在不同的使用时期所发生的故障特征也不尽相同,因此故障数据分布散点图的曲线往往存在拐点,而单威布尔分布拟合图是一条没有拐点的光滑曲线,用这样的曲线去拟合故障数据,在拐点处将会出现较大的误差。针对上述情况,改造的数控铣齿机床选用两重威布尔混合分布模型进行分析。通过图形的拟合优度检验分析进行模型优选,利用优选后的分布模型确定可靠性评价指标。

混合分布和单威布尔分布属于同一种类型，只是它们的参数值不同。设 $F_i(t)$ 是随机变量 X_i 的累计分布函数，$i=1,2,\cdots,k$，于是一个 k 重混合累积分布函数被定义为

$$F(t) = \sum_{i=1}^{k} P_i F_i(t) \qquad 0 \leqslant P_i \leqslant 1 \text{ 且} \sum_{i=1}^{k} P_i = 1 \tag{6.41}$$

通常称 $F_i(t)$ 为第 i 个随机变量 X_i 所属总体的累积分布函数；P_i 称为混合参数。

在生命周期内各零部件在不同时期内发生的故障分为突发性故障和磨耗性故障两大类。突发性故障具有较短特征寿命，主要由装配缺陷和系统内部的固有缺陷造成；而磨耗性故障具有最长特征寿命，主要因长期使用磨耗造成，这种情况适合于混合模型。

当 $k=2$ 时，称两重混合累积分布函数，函数表达式为

$$F(t) = pF_1(t) + qF_2(t) \tag{6.42}$$

式中，$t \geqslant 0$；$0 \leqslant p \leqslant 1$ 且 $p+q=1$，p、q 为比例参数；$F_1(t)$ 和 $F_2(t)$ 为简单的两参数或者三参数的威布尔分布，这里采用两参数的威布尔分布模型：

$$F_1(t) = 1 - \exp\left[-\left(\frac{t}{\eta_1}\right)^{m_1}\right] \qquad 0 \leqslant t \leqslant \infty \tag{6.43}$$

$$f_1(t) = \frac{m_1}{\eta_1}\left(\frac{t}{\eta_1}\right)^{m_1-1} \exp\left[-\left(\frac{t}{\eta_1}\right)^{m_1}\right] \qquad 0 \leqslant t \leqslant \infty \tag{6.44}$$

$$F_2(t) = 1 - \exp\left[-\left(\frac{t}{\eta_2}\right)^{m_2}\right] \qquad 0 \leqslant t \leqslant \infty \tag{6.45}$$

$$f_2(t) = \frac{m_2}{\eta_2}\left(\frac{t}{\eta_2}\right)^{m_2-1} \exp\left[-\left(\frac{t}{\eta_2}\right)^{m_2}\right] \qquad 0 \leqslant t \leqslant \infty \tag{6.46}$$

其中，m_1、m_2 为形状参数；η_1、η_2 为尺度参数。

6.3.3 可靠性模型的参数估计

1. 根据数据点拟合曲线

对于两参数威布尔分布，其可靠性函数为

$$R(t) = \exp\left[-\left(\frac{t}{\eta}\right)^{m}\right] \tag{6.47}$$

式中，$t \geqslant 0$；$m > 0$，m 为形状参数；$\eta > 0$，η 为尺度参数。

对式(6.48)两端进行变换，并取自然对数得

$$\ln[-\ln R(t)] = m\ln t - m\ln\eta \tag{6.48}$$

令

$$y = \ln[-\ln R(t)] \qquad x = \ln t \tag{6.49}$$

式(6.48)成为 x-y 坐标系下的一条直线

$$y = m(x - \ln\eta) \tag{6.50}$$

式(6.50)称为威布尔变换,它实质上完成了对威布尔模型的线性化。

设失效数据为 $t_1, t_2, \cdots, t_n, (t_1 \leqslant t_2 \leqslant \cdots \leqslant t_n)$,其可靠度可由下面中位秩估计公式给出:

$$R(t) = 1 - \frac{i - 0.3}{n + 0.4} \tag{6.51}$$

这样就得到一个数组列:

$$(t_1, R_1), (t_2, R_2), \cdots, (t_n, R_n) \tag{6.52}$$

对数组列使用变换式(6.50)得到

$$(x_1, y_1), (x_2, y_2), \cdots, (x_n, y_n) \tag{6.53}$$

对于该系列改造的数控铣齿机床的可靠度估计值及威布尔变换见表 6.6。

表 6.6 故障数据威布尔变换表

序 号	故障时间 t	$F_n(t)$	R_i	x	y
1	24.16	0.0198	0.9802	3.1847	−3.9134
2	71.00	0.0480	0.9520	4.2627	−3.0116
3	110.16	0.0763	0.9237	4.7019	−2.5341
4	159.00	0.1045	0.8955	5.0689	−2.2037
5	193.66	0.1328	0.8672	5.2661	−1.9488
6	205.50	0.1610	0.8390	5.3254	−1.7397
7	240.50	0.1893	0.8107	5.4827	−1.5615
8	250.00	0.2175	0.7825	5.5215	−1.4054
9	260.00	0.2458	0.7542	5.5607	−1.2657
10	313.00	0.2740	0.7260	5.7462	−1.1387
11	325.16	0.3023	0.6977	5.7843	−1.0219
12	341.50	0.3305	0.6695	5.8333	−0.9132
13	342.00	0.3588	0.6412	5.8348	−0.8111
14	386.00	0.3870	0.6130	5.9558	−0.7146
15	457.00	0.4153	0.5847	6.1247	−0.6225
16	480.33	0.4435	0.5565	6.1745	−0.5343
17	687.00	0.4718	0.5282	6.5323	−0.4491
18	671.00	0.5000	0.5000	6.5088	−0.3665
19	706.50	0.5282	0.4718	6.5603	−0.2859
20	721.00	0.5565	0.4435	6.5806	−0.2070
21	725.33	0.5847	0.4153	6.5866	−0.1291
22	826.33	0.6130	0.3870	6.7170	−0.0520
23	917.60	0.6412	0.3588	6.8218	0.0248
24	962.00	0.6695	0.3305	6.8690	0.1018

续表

序 号	故障时间 t	$F_n(t)$	R_i	x	y
25	990.00	0.6977	0.3023	6.8977	0.1794
26	1288.00	0.7260	0.2740	7.1608	0.2582
27	1375.33	0.7542	0.2458	7.2264	0.3389
28	1418.16	0.7825	0.2175	7.2571	0.4223
29	1734.33	0.8107	0.1893	7.4584	0.5096
30	1854.66	0.8390	0.1610	7.5255	0.6023
31	1895.50	0.8672	0.1328	7.5472	0.7027
32	2165.00	0.8955	0.1045	7.6802	0.8146
33	2496.00	0.9237	0.0763	7.8224	0.9453
34	3112.00	0.9520	0.0480	8.0430	1.1106
35	3631.00	0.9802	0.0198	8.1973	1.3670

用表 6.6 中经过威布尔变换后的数据在坐标系下画出威布尔概率纸（WPP）图，如图 6.11 所示。

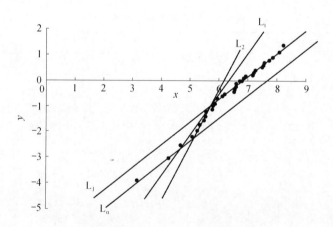

图 6.11　改造的数控铣齿机床故障数据的 WPP 图

由散点组成的 WPP 图可以看出，数据点并不是大致地分布在一条直线周围，故用单一的威布尔分布去拟合该批数据是不合适的，应该用两重威布尔混合模型去拟合。

将图 6.11 与已知不同参数范围的 WPP 图相比较可知，它属于 $m_1 < m_2$，$\eta_1 < \eta_2$ 的情况。通过 WPP 图上的数据点拟合一条光滑曲线，记这条曲线为 C。两重威布尔混合模型的可靠性函数是

$$R(t) = pR_1(t) + qR_2(t) = p\exp[-(t/\eta_1)^{m_1}] + q\exp[-(t/\eta_2)^{m_2}] \qquad (6.54)$$

式中，$t \geqslant 0$；$0 \leqslant p \leqslant 1$；$p + q = 1$。

当 $m_1 = m_2$ 时,不失一般性,假设 $m_1 < m_2$。当 $m_1 = m_2$ 时,要求 $\eta_1 \neq \eta_2$,否则,模型将成为一个简单威布尔分布。因此这种情况下,假定 $\eta_1 > \eta_2$。

由式(6.50)得

$$y(x) = \ln[-\ln R(e^x)] \text{ 和 } x = \ln t \tag{6.55}$$

这样所谓的 WPP 图就是函数 $y(x)$ 的图形。在式(6.54)中,当 $p=1$,$R(t) = R_1(t)$。此时,C 成为一条直线:

$$y = m_1(x - \ln \eta_1) \tag{6.56}$$

该直线记作 L_1。类似地,当 $p=0$,$R(t) = R_2(t)$,这时 C 将成为另外一条直线:

$$y = m_2(x - \ln \eta_2) \tag{6.57}$$

记这条直线为 L_2。这两种极端情况都使混合模型退化为简单威布尔模型。所以,限定 $0 < p < 1$。令点 I 是 L_1 和 L_2 的交点,x_I 和 y_I 是点 A 的坐标,则由式(6.56)和式(6.57)可得

$$x_I = \frac{m_1 \ln \eta_1 - m_2 \ln \eta_2}{m_1 - m_2} \tag{6.58}$$

$$y_I = \frac{m_1 m_2}{m_1 - m_2} \ln\left(\frac{\eta_1}{\eta_2}\right) \tag{6.59}$$

2. 估计参数

1) 估计参数 m_1, η_1, p, q

将式(6.54)代入式(6.55),并简化得曲线 C 的表达式为

$$y = \beta_1 x + \ln \frac{(e^{\beta_1 x}/\eta_1^{\beta_1}) + (e^{\beta_2 x}/\eta_2^{\beta_2}) - \ln[p \exp(e^{\beta_2 x}/\eta_2^{\beta_2})] + [q \exp(e^{\beta_1 x}/\eta_1^{\beta_1})]}{e^{\beta_1 x}}$$

$$= \beta_1 x + \ln\left\{\eta_1^{-\beta_1} - e^{-\beta_1 x}\ln\left[p + q\exp\left(\frac{\eta_2^{\beta_2} e^{\beta_1 x} - \eta_1^{-\beta_1} e^{-\beta_2 x}}{\eta_1^{\beta_1} \eta_2^{\beta_2}}\right)\right]\right\} \tag{6.60}$$

可以证明存在下面的关系:

$$\lim_{x \to -\infty}\left\{e^{-\beta_1 x}\ln\left[p + q\exp\left(\frac{\eta_2^{\beta_2} e^{\beta_1 x} - \eta_1^{\beta_1} e^{\beta_2 x}}{\eta_1^{\beta_1} \eta_2^{\beta_2}}\right)\right]\right\} = q\eta^{-m_1} \tag{6.61}$$

$$\lim_{x \to +\infty}\left\{e^{-\beta_1 x}\ln\left[p + q\exp\left(\frac{\eta_2^{\beta_2} e^{\beta_1 x} - \eta_1^{\beta_1} e^{\beta_2 x}}{\eta_1^{\beta_1} \eta_2^{\beta_2}}\right)\right]\right\} = 0 \tag{6.62}$$

所以 C 的两条渐近线分别为

当 $x \to -\infty$ 的渐近线为 L_a,其方程为

$$y = m_1(x - \ln \eta_1) + \ln p \tag{6.63}$$

当 $x \to +\infty$ 的渐近线为 L_1,其方程为

$$y = m_1(x - \ln\eta_1) \tag{6.64}$$

L_1 和 L_a 相互平行,其垂直距离为 $|\ln p|$。在图 6.11 上画出两条渐近线 L_1 与 L_a,渐进线的斜率即为 m_1,求得 $m_1 = 0.882$。由式(6.64)得在 x 轴上的截距为 $\ln\eta_1$,故由 x 轴上的截距为 6.8 可求得 $\eta_1 = 897.84$。由两条渐近线 L_1 与 L_a 在 y 轴上的截距之差为 $|\ln p|$,可求得 $p = 0.562, q = 1 - p = 0.438$。

2) 估计参数 m_2, η_2

对式(6.54)求导得

$$y'(x) = pm_1 s_1(x) + qm_2 s_2(x) \tag{6.65}$$

式中

$$s_i(x) = \frac{R_i(e^x)\ln[R_i(e^x)]}{R(e^x)\ln[R(e^x)]} \qquad i = 1,2$$

在渐进线 L_1 和曲线的交点即交点 I 处,$R_1 = R_2$,因此 $S_1(x) = S_2(x)$。

$$y'(x)\big|_{x=x_I} = \overline{m} = pm_1 + qm_2 \tag{6.66}$$

即 $y'(x)\big|_{x=x_I} = \overline{m} = 0.562 \times 0.882 + 0.438 m_2$。在 L_1 与 L_2 的交点 $I(0.564, -1.262)$ 处,由 MATLAB 软件对数据点先进行多项式拟合,而后求出曲线 C 在 I 点的斜率,即 $\overline{m} = 1.3345$。

由式(6.66)可计算出 $m_2 = 1.915$。在交点 I 处画斜率为 m_2 的直线,该直线即为 L_2,它在 x 轴上的截距为 $\ln\eta_2$,可求得 $\eta_2 = 454.8$,得到两重威布尔混合模型的参数的图估计值见表 6.7。

表 6.7　图估计法求得的参数

p	m_1	η_1	q	m_2	η_2
0.562	0.882	897.84	0.438	1.915	454.8

3. 拟合优度检验

利用概率纸进行拟合图的比较,虽然比较直观、简捷,但不够精确,没有说服力,也不能给出定量的判断,因此还要进行解析法的拟合优度检验。拟合优度检验是在分布类型初选之后,为了最终确定故障时间的分布类型而进行的检验,是通过产品可靠性寿命试验获得的统计数据来推断产品的分布,推断的依据是拟合优度检验。拟合优度检验是观察值的分布与拟合值理论分布之间符合程度的度量。下面用解析检验法对混合模型进行拟合优度检验。

常用的解析检验法有皮尔逊 χ^2 检验法、柯尔莫哥洛夫-斯米尔洛夫(K-S)检验法等。对于两重威布尔分布混合模型依然采用 K-S 检验,方法同单威布尔分布模型的检验过程。对单威布尔分布的检验结果见表 6.8。

$$F(t) = 0.562\left\{1 - \exp\left[-\left(\frac{t}{897.84}\right)^{0.882}\right]\right\} + 0.438\left\{1 - \exp\left[-\left(\frac{t}{454.8}\right)^{1.915}\right]\right\}$$

$$(6.67)$$

按照上述方法,对该批数据进行处理,其结果见表 6.8。

表 6.8　拟合优度检验数据处理表

序　号	故障时间 t	$F_x(t)$	$F_n(t)$	D_n
1	24.16	0.0238	0.0198	0.0040
2	71.00	0.0656	0.0480	0.0176
3	110.16	0.1018	0.0763	0.0255
4	159.00	0.1493	0.1045	0.0448
5	193.66	0.1845	0.1328	0.0517
6	205.50	0.1968	0.1610	0.0358
7	240.50	0.2336	0.1893	0.0444
8	250.00	0.2438	0.2175	0.0262
9	260.00	0.2545	0.2458	0.0087
10	313.00	0.3115	0.2740	0.0375
11	325.16	0.3246	0.3023	0.0223
12	341.50	0.3421	0.3305	0.0116
13	342.00	0.3427	0.3588	0.0161
14	386.00	0.3894	0.3870	0.0024
15	457.00	0.4618	0.4153	0.0466
16	480.33	0.4846	0.4435	0.0410
17	687.00	0.6529	0.4718	0.1811
18	671.00	0.6421	0.5000	0.1421
19	706.50	0.6654	0.5282	0.1372
20	721.00	0.6744	0.5565	0.1179
21	725.33	0.6770	0.5847	0.0923
22	826.33	0.7307	0.6130	0.1177
23	917.60	0.7683	0.6412	0.1270
24	962.00	0.7834	0.6695	0.1139
25	990.00	0.7921	0.6977	0.0944
26	1288.00	0.8555	0.7260	0.1295
27	1375.33	0.8678	0.7542	0.1136
28	1418.16	0.8733	0.7825	0.0908
29	1734.33	0.9059	0.8107	0.0951

续表

序　号	故障时间 t	$F_x(t)$	$F_n(t)$	D_n
30	1854.66	0.9156	0.8390	0.0766
31	1895.50	0.9187	0.8672	0.0514
32	2165.00	0.9361	0.8955	0.0406
33	2496.00	0.9522	0.9237	0.0285
34	3112.00	0.9718	0.9520	0.0199
35	3631.00	0.9818	0.9802	0.0016

由表 6.8 知，D_n 的观察值为 $D_n = 0.1181$。取显著性水平 $\alpha = 0.10$，则由经验公式得：当 $n = 35$，查表 $D_{na} = 0.202$，则假设检验统计量 $D_n = 0.1181 < D_{na}$，符合检验的条件，因此这批数据服从两重威布尔混合模型。

6.3.4　改造的数控铣齿机床可靠性评价

经过分析已经确定了故障间隔时间的分布类型及参数，本小节在此基础之上进行可靠性特征量 MTBF 的评价估计。改造的数控铣齿机床故障间隔时间是指产品相邻两次故障间的工作时间，用 MTBF 表示，它是故障间隔时间 t 的数学期望 $E(t)$。对于两参数威布尔分布模型的 MTBF 的点估计按下式计算：

$$
\begin{aligned}
E(t) &= \int_0^\infty t f(t)\, \mathrm{d}t = p\eta_1 \Gamma\left(\frac{1}{m_1} + 1\right) + q\eta_2 \Gamma\left(\frac{1}{m_2} + 1\right) \\
&= 0.562 \times 897.84 \times \Gamma\left(\frac{1}{0.882} + 1\right) + 0.438 \times 454.8 \times \Gamma\left(\frac{1}{1.915} + 1\right) \\
&= 714.7(\mathrm{h})
\end{aligned}
\tag{6.68}
$$

6.4　改造机床的可靠性增长实例

6.4.1　可靠性的影响因素分析

可靠性的影响因素是进行改造机床可靠性增长的前提，目的在于通过分析找出改造机床的薄弱环节和潜在弱点，以便从改造设计、改造工艺方法、使用和维护等各方面采取对策和措施增长改造机床的可靠性。本节仍以改造的数控铣齿机床为研究对象，运用故障主次图法和故障比重比法从不同的角度对改造的数控铣齿机床的故障进行分析，将分析结果进行综合排序并进行对比，从而确定该系列改造的数控铣齿机床可靠性增长的主要措施。

针对改造的铣齿机床在实验阶段的运行状况，将故障模式分为：损坏、松动、失调、动作、功能、工艺、环保及其他等八种类型，从而制定出故障模式代码表 6.9。

表 6.9　改造的数控铣齿机床故障模式代码表

类型	01-损坏型						02-松动型								
故障模式	01 零部件损坏	02 元器件损坏	03 液部件损坏	04 电动机损坏	05 护罩损坏	06 线路断路	01 紧固件松动	02 锁紧部件松动	03 预紧机构松动	04 线路连接不良	05 零部件脱落	06 零部件松动	07 元器件松动	08 元器件脱落	07 按键松动

类型	03-功能型									04-环保型			05-工艺型		
故障模式	01 运动部件动作冲击大	02 基础件振动	03 液压控制失灵	04 传感部件失灵	05 元器件功能丧失	06 电动机不能正常工作	07 未按程序指令执行	08 数据或程序丢失	09 报警器失灵	01 液压油渗漏	02 噪声过大	03 产生有害气体	01 几何精度超标	02 定位精度超标	03 加工精度超标

类型	06-失调型						07-动作型						08-其他型		
故障模式	01 运动部件间隙	02 运动部件速度失调	03 液压元件流量失调	04 压力调整不当	05 行程不当	06 电动机过载	01 运动部件无动作	02 转位、移位不准确	03 回参考点不准	04 定向不准	05 运动部件爬行	06 驱动报警	01 润滑不良	02 误报警	03 不能正常操作

将改造的数控铣齿机床划分为如表 6.10 所示的子系统与部件及其代码。

表 6.10　改造的数控铣齿机床故障部位代码表

部位代码	机床部位	部位代码	机床部位
S	主轴系统	L	润滑系统
D	液压系统	W	冷却系统
X	X 轴进给系统	K	排屑系统
Z	Z 轴进给系统	V	数控系统
C	C 轴进给系统	E	电柜
NC	电气系统	Q	整体防护
F	伺服单元	R	其他

为了方便分析引起故障的原因,建立了故障原因代码表,如表 6.11 所示。

表 6.11　改造的数控铣齿机床故障原因代码表

原因代码	故障原因	原因代码	故障原因	原因代码	故障原因
01	断裂	06	磨损	11	老化
02	变形	07	点蚀	12	腐蚀
03	卡住	08	蠕变	13	侵蚀
04	烧坏	09	错位	14	松动
05	击穿	10	划伤	15	脱落

续表

原因代码	故障原因	原因代码	故障原因	原因代码	故障原因
16	间隙不适	24	过压、过流	32	CNC参数错
17	压力不适	25	润滑不充分	33	元器件损坏
18	行程不适	26	缺油	34	零部件损坏
19	堵塞	27	过载	35	装配不良
20	渗漏	28	开路	36	调整不当
21	压力不稳	29	短路	37	干扰
22	漂移	30	窜动	38	其他
23	过热	31	误操作		

1. 改造的数控铣齿机床故障主次图分析

故障主次图又叫巴雷特图或排列图,它是分析、查找系统故障主要原因、主要故障模式等因素的直观图表。它以系统的故障原因、故障模式或故障部位为横坐标,以故障原因、故障模式或故障部位发生的频率为纵坐标,按故障频率大小,依次由大到小画图,最后将频率累计起来。

一般情况下,累计频率0~0.8的故障原因、故障模式或故障部位为关键故障原因、关键故障模式或关键故障部位;0.8~0.9的故障原因、故障模式或故障部位为主要故障原因、主要故障模式或主要故障部位;0.9~1.0的故障原因、故障模式或故障部位为次要故障原因、次要故障模式或次要故障部位。

对改造的数控铣齿机床现场故障数据的统计、归纳和分类结果列于表6.12中,并根据故障主次图法作图6.12。

表6.12　改造的数控铣齿机床故障部位频次、频率表

序 号	部位代码	机床部位	频 次	频 率
1	S	主轴系统	12	0.343
2	D	液压系统	6	0.171
3	X	X轴进给系统	5	0.143
4	Z	Z轴进给系统	3	0.086
5	C	C轴进给系统	3	0.086
6	L	润滑系统	2	0.057
7	V	数控系统	2	0.057
8	Q	整体防护	1	0.029
9	F	伺服单元	1	0.029

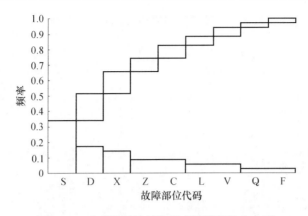

图 6.12　改造的数控铣齿机床故障部位主次图

由改造的数控铣齿机床故障部位频率表和主次图可以看出,影响改造的数控铣齿机床可靠性的关键子系统为主轴组件、液压系统、进给系统。关键子系统是发生故障最频繁的部位,它们的故障次数共约占 82.9%,其中主轴系统故障频率最高,达 34.3%;居于第二位的是液压系统,为 17.1%;居于第三位的是 X 轴进给系统,为 14.3%。主轴系统是发生故障最频繁的部位,其故障率远远高于其他部件或子系统,是影响改造的数控铣齿机床整机可靠性的主要因素。当前,对主轴系统进行可靠性改进设计,提高其可靠性水平是提高整机可靠性的前提,只有子系统的可靠性得到保证,才能使整机的可靠性水平得到大幅度地提高。

2. 改造的数控铣齿机床故障比重比分析

故障比重比图是两个故障百分比之比按比值(称作比重比)的大小排列的主次图。这两个百分比,一个是开发阶段可靠性指标分配时给定的各个子系统的故障率占整机故障率的百分比;另一个是用户实际使用时对应的故障百分比。当某个子系统比重比大于 1 时,说明该子系统的故障率已经"超标",即就相对比率来说,该子系统已经超出给定的比率了。反之,如果比重比小于 1,则该子系统故障数在给定的比率之下,其可靠性水平相对来说是较高的。

由前节评价的该系列改造的数控铣齿机床的 MTBF 可知,与用户要求的 800h 的可靠性指标还有一定距离。为了进一步提高可靠性,考虑到改造的数控铣齿机床的各个分系统在实际应用中的重要性、结构复杂性、工作环境、维修性、零部件的成熟性以及工作时间等因素,综合评定给各子系统的各因素进行加权值分配。以主轴系统为标准单元,其各项分配加权因子为 1,其他系统与主轴系统相比较,取值如表 6.13 所示。

表 6.13 可靠性影响因素加权因子分配表

机床子系统	重要性 k_1（大小）	复杂性 k_2（高低）	环境因素 k_3	维修性 k_4（难易）	成熟性 k_5	工作时间 k_6（长短）	可靠性指标分配 $M_{oj}(h)$
主轴系统	1	1	1	1	1	1	6635.48
液压系统	1.1375	0.8	1.05	1	1.2	0.75	7716.12
X 轴进给	0.8875	1.025	0.85	0.85	1.15	1.2	7315.82
Z 轴进给	0.8875	1.025	0.85	0.85	1.15	1.2	7315.82
C 轴进给	0.8875	1.025	0.85	0.85	1.15	1.2	7315.82
润滑系统	1.55	0.7	1.1	1.5	1	1	3706.45
数控系统	0.8875	0.85	0.85	0.6	1.2	0.9	15969.49
整体防护	1.5	0.45	0.9	1.5	1.2	0.9	6742.35
伺服单元	0.7375	1.2	0.65	0.7	1.3	1	12675.77

分配方法按照下式计算：

$$M_{oj} = \frac{\sum\limits_{j=1}^{n}\prod\limits_{i=1}^{n}k_{ji}}{\prod\limits_{i=1}^{n}k_{ji}}M_{z\cdot o} \qquad i=1,2,\cdots,6; j=1,2,\cdots,9 \tag{6.69}$$

式中，$M_{z\cdot o}$ 为整机平均故障间隔时间；M_{oj} 为第 j 个子系统平均故障间隔时间；k_{ji} 为第 j 个子系统的第 i 个分配加权因子。由式（6.69）计算的各子系统的可靠性指标分配结果见表 6.12。

通过可靠性指标分配结果，由下面两个公式计算出各子系统在可靠性分配中的故障率指标 λ_{oj} 和整机的故障率指标 $\lambda_{z\cdot o}$：

$$\lambda_{z\cdot o} = \frac{1}{M_{z\cdot o}} = \frac{1}{800} = 0.00125 \tag{6.70}$$

$$\lambda_{oj} = \frac{1}{M_{oj}} = \{0.000150, 0.000129, 0.000136, 0.000136, 0.000136,$$
$$0.000269, 0.000062, 0.000148, 0.000078\} \tag{6.71}$$

由故障频次主次图法可知该改造机床的 9 个故障子系统的故障频次百分比见表 6.12。由式（6.70）和式（6.71）计算出个子系统的故障率百分比 Q_{oj} 和故障比重比 C_j 见表 6.14。

表 6.14 改造的数控铣齿机床故障比重比表

机床子系统	故障频次百分比 Q_{cj}	故障率指标 λ_{oj}	故障率百分比 Q_{oj}	故障比重比 C_j
主轴系统	34.286	0.000150	12.058	2.843
液压系统	17.143	0.000129	10.370	1.653
X 轴进给系统	14.286	0.000136	10.932	1.307
Z 轴进给系统	8.571	0.000136	10.932	0.784

续表

机床子系统	故障频次百分比 Q_{cj}	故障率指标 λ_{oj}	故障率百分比 Q_{oj}	故障比重比 C_j
C 轴进给系统	8.571	0.000136	10.932	0.784
润滑系统	5.714	0.000269	21.624	0.264
数控系统	5.714	0.000062	4.984	1.147
整体防护	2.857	0.000148	11.897	0.240
伺服单元	2.857	0.000078	6.270	0.456

　　通过表 6.14 和图 6.13 可以看出,在该系列改造的数控铣齿机床的故障子系统中,实际故障率与指标值之间的差距较大的子系统分别为:主轴系统、液压系统、X 轴进给系统、电气系统,它们的比重比都大于 1,应对这几个子系统重点进行可靠性改进。其他子系统的故障比重比都小于 1,说明其故障率基本符合相应的指标值。

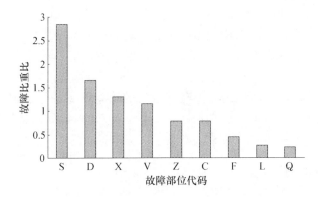

图 6.13　改造的数控铣齿机床故障比重比图

3. 两种分析结果对比

将从不同角度分析的结果及其排序情况列于表 6.15。

表 6.15　改造的数控铣齿机床故障排序比表

机床子系统	故障主次图法		故障比重比法	
	结果	排序	结果	排序
主轴系统	0.343	1	2.843	1
液压系统	0.171	2	1.653	2
X 轴进给系统	0.143	3	1.307	3
Z 轴进给系统	0.086	4	0.784	5
C 轴进给系统	0.086	5	0.784	6
润滑系统	0.057	6	0.264	8
数控系统	0.057	7	1.147	4
整体防护	0.029	8	0.240	9
伺服单元	0.029	9	0.456	7

从上面的结果对比分析可以看出,进行故障分析时所考虑的因素不同,分析的结果也不尽相同:

(1) 从改造的数控铣齿机床的故障比重比图排序与故障频次主次排序都可以发现,主轴系统、液压系统、X 轴进给系统都排在前三位,它们是故障发生频率较高的部位,是影响改造机床可靠性的主要因素。

(2) 各子系统的故障比重比图排序与故障频次主次排序相比也发生一些变化,其中数控系统在故障百分比主次排序中仅仅排在第 7 位,故障百分比为 5.7,可靠性问题似乎并不十分突出,但是在故障比重比主次排序中,数控系统的故障比重比为 1.147,排在第 4 位,实际故障率与可靠性指标相差最大。这说明数控系统虽然故障发生的次数较小,但是由于在可靠性分配时分配给该系统一个很高的指标 MTBF,尽管实际中仅仅发生了两次故障,但是其故障率与指标值仍然有很大的差距,是一个被故障百分比隐藏了的可靠性薄弱环节。但这与实际并不矛盾,因为改造时为了保证可靠性选用了德国西门子数控系统,所以才有这样的结果。

(3) 主轴系统、液压系统、进给系统不仅故障率高,实际故障率与指标之间差距也大,均超过 1,在两种分析中相差不是很明显,都排列前三,因此应主要对这几个子系统采取措施,提高可靠性。其他子系统的故障比重比值均小于 1,说明已经基本达到了可靠性设计的要求,暂时可以不做重点改进,即使偶有故障发生,通过简单处理就可以解决,但需随时注意检修。

6.4.2　可靠性的增长措施

1. 主轴箱系统

主轴箱是改造机床可靠性的最薄弱环节,故障频率达 34.4%,故障比重比达 2.84。在加工过程中,主轴箱的故障主要有噪声过大、主轴箱漏油、主轴箱发热等。可采取的措施主要有:

1) 主轴箱噪声控制措施

主轴箱使用过程中噪声过大的原因有三种。第一种是主轴齿轮直径大、厚度薄、容易产生振动、噪声过大。应尽量选用相对较厚的齿轮,减少震动。如不宜选用较厚齿轮,在齿轮上每隔 120°的位置钻孔可有效减小振动、降低噪声。第二种是主轴弯曲导致加工过程中传动不平稳而出现噪声过大现象。主轴弯曲主要由于主轴的刚性不够,应在工艺上进行改进。在加工主轴前先对毛坯进行预热处理,先正火以消除应力然后粗车,再用淬火加高温回火进行调质,再半精加工做动平衡,这样可有效提高主轴刚性、减少噪声;同时还可以加大主轴平衡螺孔,并增加放松垫片,改善主轴平衡度,减少振动,提高加工精度,降低噪声。第三种是加装辅助工作台后,加工直径虽然变大,但工作台刚度大大降低,受力后引起工作台弹性变形,形成对主轴箱的冲击。因此在机床使用过程中尽量不要加装辅助工作台,应加大对大直径工作台的开发力度,解决目前大直径工作台精度不高的技术难题,使大直径工作台尽早应用到工程实际,满足大直径工件的齿轮加工。

2) 主轴箱漏油控制措施

主轴箱漏油主要是由于密封圈装配孔加工精度不够、密封圈装配不紧、主轴箱升温密封圈变形等情况引起的。在密封圈装配孔加工过程中,一定要严格按照质量控制要求实施,确保加工精度达到设计要求。在购买密封圈时尽量选用耐磨性和减摩性较好的垫圈,保证垫圈的质量。尽量避免主轴箱漏油现象的发生,减少环境污染。改进冷却保证主轴箱温度在允许范围内,提高密封性能。

3) 主轴箱升温控制措施

主轴箱升温过高主要是由于主轴箱轴承润滑不良造成的,应改善润滑条件。建议改变原来的润滑方式或采用更高一级精度的轴承;合理选用润滑油(尽量选用环保型润滑油);疏通油路;控制润滑油的注入量等,降低主轴箱升温,提高主轴箱的可靠性。

2. 液压系统

液压系统也是该类改造机床可靠性的薄弱环节之一,故障频率达 17.1%,故障比重比达 1.65。液压技术是比较新型的工业技术,在国民经济众多领域中得到越来越广泛的应用。但由于设计、制造和使用上多种因素,液压设备在使用过程中经常会出现这样或那样的故障,使其性能达不到设计要求甚至不能正常工作。该类改造机床液压系统故障主要有系统压力波动影响压力继电器正常工作,液压缸漏油严重,断电后液压缸不起夹紧拖板的作用。可采取的措施主要有:

1) 液压系统压力波动控制措施

在原液压系统设置抗干涉的液压回路。原设计要求当数控系统发出指令给压力继电器,压力继电器发信号给控制电磁阀接通油路使液压钳夹紧,夹紧后发信号给数控系统,数控系统控制进给轴进行铣削加工,但因受系统压力波动影响,压力继电器不能及时工作。此外,在夹紧的过程中,由于阀的内泄漏也会产生松动,从而影响加工质量。针对上述情况,在改进的设计中使整个系统采用两台蓄能器,这样可使四台压力继电器处于抗干涉的正常工作状态。

2) 工作台锁紧机构漏油控制措施

工作台锁紧机构漏油不但影响了改造机床的性能,降低了加工精度,而且污染了周围环境,从环保的角度也是不允许这种情况存在的。为了解决工作台锁紧机构的漏油现象,一是确保液压零部件的加工精度达到设计要求,严格规范外协加工件的入厂质量;二是选购质量好的密封件,国内产品达不到要求的,一定要用进口高质量产品代替,确保改造机床的质量。

3) 断电后工作台锁紧机构不起夹紧控制措施

在不影响液压系统油路结构关系的前提下,在液压泵至减压阀的油路之间增设一个单向阀。这样,当驱动液压泵的电动机突然断电时,进入夹紧液压缸的液压油失去液压泵的输出压力油,此时夹紧液压缸里的压力大于液压泵出口压力,油液便向液压泵回流,而单向阀正好截断液压泵至夹紧液压缸的逆向回路,使夹紧液压缸中还保持着一定的压力油来夹紧拖板,使其不会将拖板重力完全由电动机抱闸机构承担。同时,该单向阀还对液压系统和液压泵起保护作用。

3. 进给系统控制措施

进给系统的故障频率达 14.3%,故障比重比达 1.30。进给系统故障主要体现在定位不准。一是由于伺服电动机与传动丝杆之间的联轴器的止退螺丝松动,造成连接器与伺服电动机轴的连接部分间隙过大使旋转不同步,建议选用新型不松动止退螺丝代替原有的止退螺丝。二是因为丝杠质量存在问题,丝杠螺母使用一段时间反向间隙过大,需要厂家调整丝杠螺母间隙到允许的范围。三是因为立柱太重,导轨面加工精度不到位,丝杠低速运动时容易产生爬行现象,降低机床的运动响应速度,降低工件的加工精度。因此在改进设计时尽量选用适用大扭矩、不易松脱的联轴器;采购质量一流的滚珠丝杠生产厂家的产品;确保导轨表面的加工精度、刮研质量,消除运动爬行现象。

第7章 机床数控化改造实例

作者已完成的数控化改造工程案例很多,既有中小型机床的经济型数控化改造,也有大重型机床的高端数控化改造;既有单纯的控制方式的数控化改造,也有机床功能和结构改变的数控化改造。在对众多的工程实践总结中,作者发现能否圆满完成机床的数控化改造任务,各种先进理论和方法的应用是必要的软件基础,传统的机械、液压、电气设计则是必需的硬件基础,两者缺一不可。本章分别从控制方式的数控化改造、机床功能和结构改变的数控化改造以及重型机床的高端数控化改造这三个实例进行详述,力图展现机床数控化改造的全过程。

7.1 C5116普通立车数控化改造实例

7.1.1 立式车床数控化改造概述

改造的对象是齐齐哈尔第一机床厂制造的普通立式车床,该机床垂直刀架装有五角刀台,侧刀架装有四方刀台,两刀架均采用液压平衡;垂直刀架的水平和垂直移动均采用滑动丝杠传动;工作台直径为1.4m,最大加工直径为1.6m,工作台采用高精度推力球轴承作为滚动导轨,径向采用双列圆柱滚子轴承,工作台承载能力大、回转精度高。机床改造的目的主要是为回转支承滚道加工服务的,回转支承的滚道是由两个四分之一圆弧偏置一个偏心距组合而成,如图7.1所示。对于这种不规则轮廓,长期以来都是采用普通立式车床,由工人手动加工完成,并用样板进行检验较正,对工人操作熟练程度的依赖性较高,而且产品的合格率较低,给装配工作带来较大的困难。为了提高产品的精度和合格率,拟对原来的普通车床进行数控化改造,目的为使机床的刀架具有 X、Z 两轴联动功能,能加工平面内的复杂线型,提高加工精度和效率。

1. 改造机床的结构形式要求

C5116立车的数控化改造是一项单纯的控制方式的数控化改造,并不涉及机床功能的改变,因此在机床的结构形式上不需要作很大的改动,尤其是机床工作台的主传动链可完全予以保留,横梁的传动方式也予以保留,而侧刀架在滚道加工中不起作用,因此予以拆除。需要作改动的就是 X 和 Z 两个方向的进给系统,要求实现 X 方向行程 900mm, Z 方向行程 400mm。改造前后进给传动结构如图 7.2 所示。

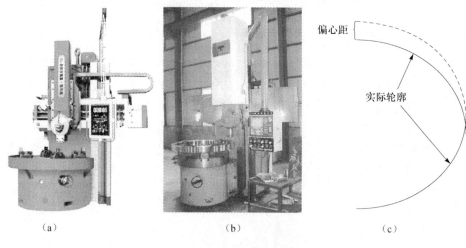

　　（a）　　　　　　　　　　（b）　　　　　　　　　（c）

图 7.1　滚道轮廓的组成

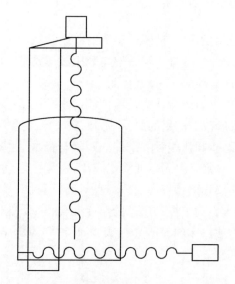

图 7.2　改造前后的进给传动结构示意图

2. 立式车床数控化改造方案

改造主要分为机械部分和电气控制部分两方面的内容。

1) 机械部分的改造

车床数控化改造的机械部分主要是对进给传动机构进行的。去掉原有的齿轮传动箱,将 X 和 Z 方向的进给各自独立,分别由各自的交流伺服电动机驱动;原来的滑动丝杠拆除改成滚珠丝杠驱动;由于立刀架比较重,惯性大,若采用伺服电动机直接与滚珠丝杆相连,伺服系统的驱动扭矩要求很大。虽然这样可以提高进给速度,但系统的成本将会非常高。对于大型回转体加工,进给速度一般要求比较低,因此,X、Z 轴采用一定速比的机械降速传动,以降低对 X、Z 轴伺服电动机驱动力矩的要求,从而降低改造成本。

2) 电气控制部分改造

原先的继电器控制电路全部拆除,改成西门子 802C 数控系统控制坐标轴的进给运动;重新设计机床操作站和电气控制柜,辅助电气元件均改成由数控系统内置的 PLC 控制。

7.1.2 机械部分改造设计

机械部分改造设计主要是进给传动部分的零部件,包括滚珠丝杠、轴承座的设计,以及轴承的选用。经过对原机床资料的研读和现场的测绘,重新设计改造后的方向装配图如图 7.3、图 7.4 所示。滚珠丝杆均采用一端固定、一端支承的安装方式,滚珠丝杠和轴承座的零件图如图 7.5～图 7.8 所示。电动机、轴承、滚珠丝杠的选择、校核均按照第 3 章的步骤进行即可,两个方向伺服电动机的扭矩选为 11N·m,额定转速为 3000r/min,Z 方向电动机带抱闸功能。

7.1.3 电气控制系统设计

电气控制部分设计主要是集成数控系统、PLC 和外部电路,以实现车床的各项功能。采用数控系统控制主要的功能和运动,其中 X、Z 轴进给运动改由数控系统和伺服驱动系统控制;采用 PLC 实现辅助功能的控制,包括:①M 功能的实现;②工作台的启停控制;③立柱升降运动改由 PLC 控制;④其他强电电路改由 PLC 进行控制。

主要的电气配置采用西门子 802Cbaseline 数控系统(见图 7.9)、西门子 SIMODRIVE 611U 的伺服驱动器(见图 7.10)以及西门子 1FK7 的伺服电动机。802Cbaseline 系统可以控制三个进给轴和一个模拟主轴,其内部集成 MMC 软件(人机通讯)、PLC 软件(可编程逻辑控制)和 NCK 软件(数控内核),其中 NCK 软件控制一个最多带三个进给轴(伺服电动机)和一个主轴的 NC 通道,可以进行全闭环控制,具有二维图形模拟功能,用于控制带伺服驱动的经济型机床。

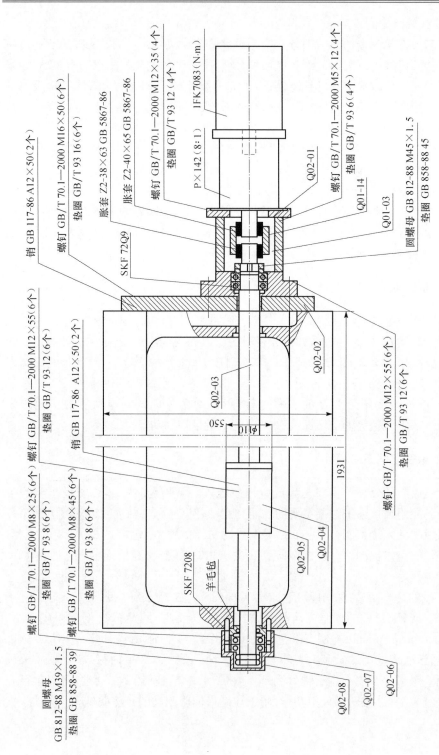

图 7.3 X 方向改造装配图

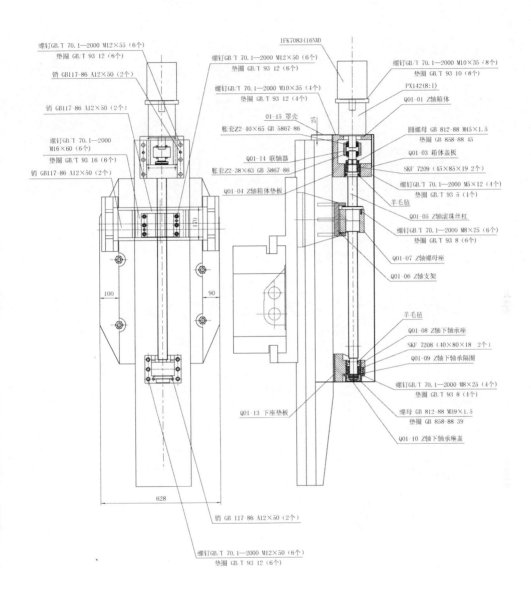

图 7.4 Z方向改造装配图

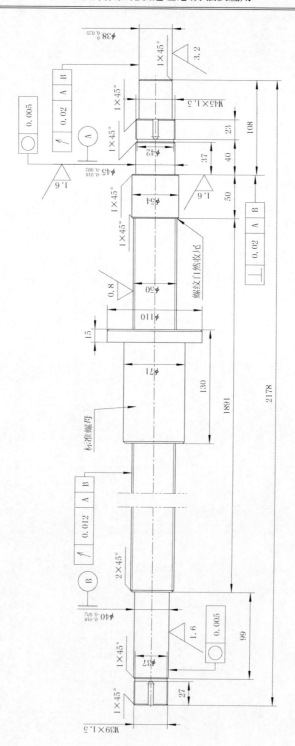

图 7.5　X 向滚珠丝杠零件图

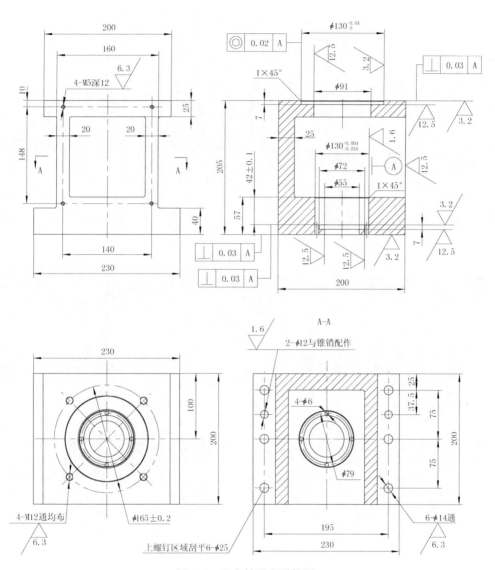

图 7.6　X 向轴承座零件图

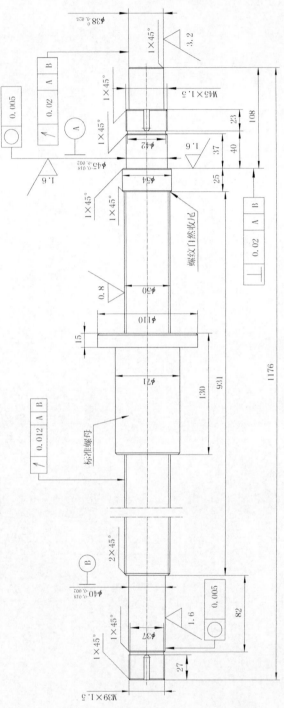

图 7.7　Z 向滚珠丝杠零件图

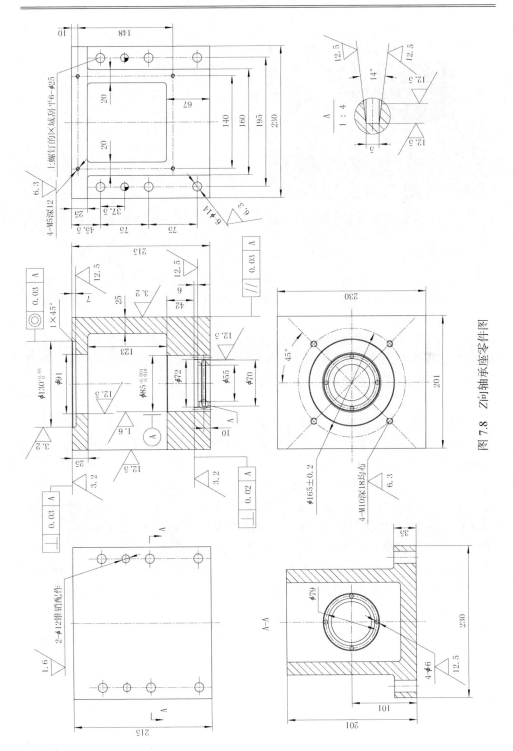

图 7.8　Z 向轴承座零件图

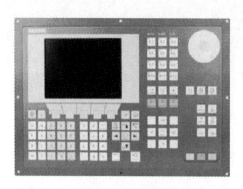

图 7.9　802C 数控系统

图 7.10　SIMODRIVE 611U 驱动器

　　SIMODRIVE 611U 的伺服驱动器采用模块化的结构,分成电源模块、闭环速度控制模块、功率放大模块。电源模块将外部的交流工频电变换为直流母线上的 DC600V 的直流电压,另外通过电源模块上的设备总线提供功率模块和闭环速度控制模块所需的各种电源(±24V、±15V、+5V 等)。闭环速度控制模块接受数控系统输出的速度给定值模拟电压信号(-10～+10V),接受光电编码器的反馈,实现对伺服轴的速度环和电流环的闭环控制。功率放大模块将电流环的控制信号放大成能驱动伺服电动机的频率和电压可变的交流电信号。

　　1FK7 交流伺服电动机转子转动惯量较小,动态响应性较强,旋转编码器内置安装在电动机上,电动机本身不需要外部冷却,热量可以通过电动机外壳而传递,具有很高的过载能力。

　　下面详细介绍改造中工作台的控制改成自动和手动两种方式联合控制的电气设计过程。根据数控加工的特点和工件校正的操作要求,要求改造后的数控立车具有手动和自动两种控制模式。手动控制主要是满足工件校正时的操作需求,自动控制则是满足数控加工时的需求。手动控制通过数控系统操作面板上的红绿按钮实现;而自动控制则通过辅助功能指令 M03、M04、M05 来实现。电气设计涉及 CNC 和 PLC 的数据交换通道、PLC 编程和外部控制电路设计。外部控制电路如图 7.11 所示。数控加工程序中的 M 指令经过数控系统译码后,将特征值存放在 CNC 与 PLC 进行数据交换的存储区内(如图 7.12 所示),供 PLC 进行写操作。图 7.13 是数控系统操作面上按钮对应的 PLC 地址。PLC 程序图如图 7.14 所示。

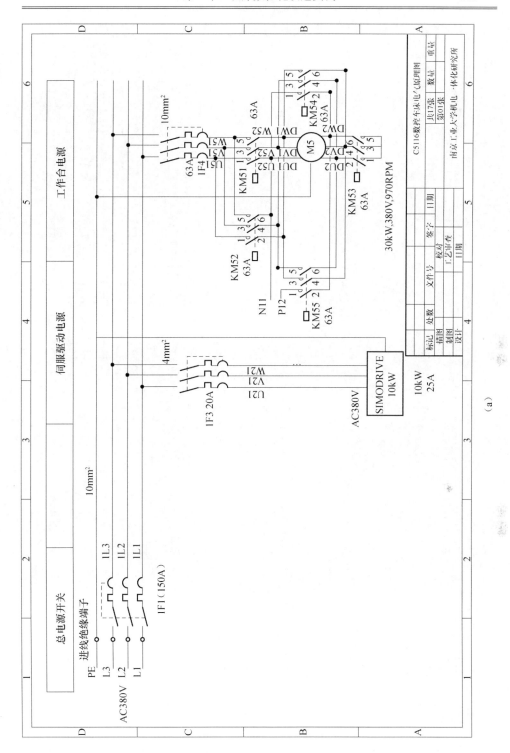

（a）

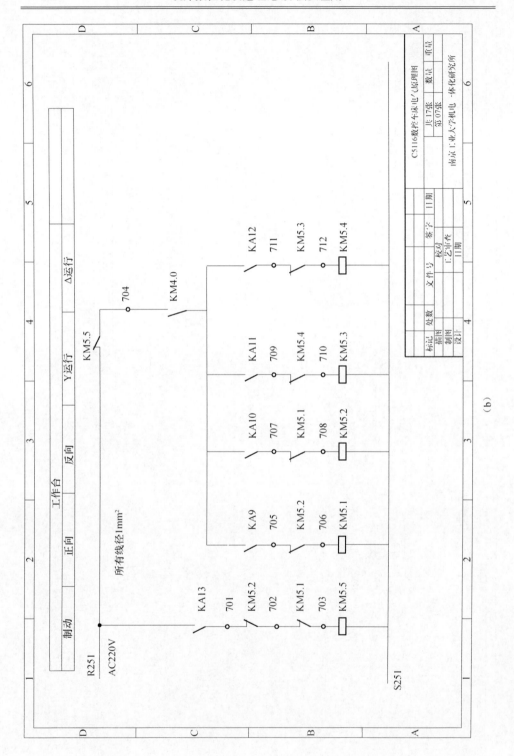

(b)

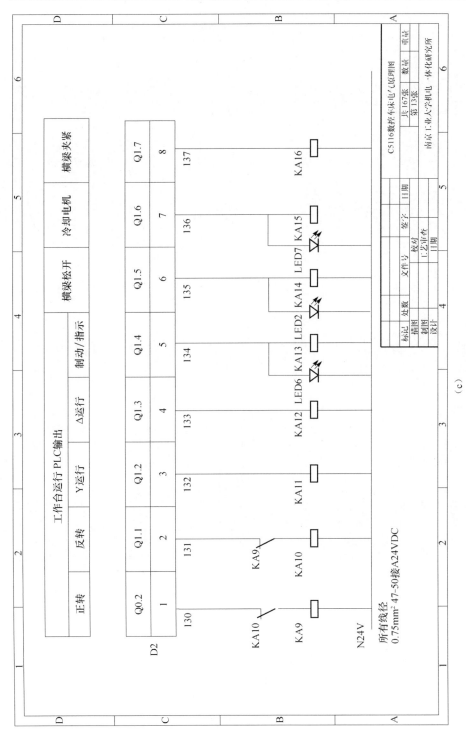

图 7.11　工作台外部控制电路

2500 PLC 变量	来自NCK的通用的辅助功能（M功能译码M0…M99） 接口NCK→PLC（只读，信号宽度为一个PLC周期）							
Byte	Bit7	Bit6	Bit5	Bit4	Bit3	Bit2	Bit1	Bit0
2500 1000				动态M功能				
	M07	M06	M05	M04	M03	M02	M01	M00
2500 1001				动态M功能				
	M15	M14	M13	M12	M11	M10	M09	M08
2500 1002				动态M功能				
	M23	M22	M21	M20	M19	M18	M1	M16
…				…				
2500 1012				动态M功能				
					M99	M98	M97	M96

图 7.12　M 代码对应的 PLC 地址

1000 PLC 变量	来自MCP的信号（按键及倍率） 接口MCP→PLC（只读）							
Byte	Bit7	Bit6	Bit5	Bit4	Bit3	Bit2	Bit1	Bit0
1000 0000	K14 手动 方式	K13 增量 选择	K6 自定义	K5 自定义	K4 自定义	K3 自定义	K2 自定义	K1 自定义
1000 0001	K22 点动控 制键	K21 主轴 右转	K20 主轴停	K19 主轴 左转	K18 MDA方式	K17 单段 选择	K16 自动 方式	K15 参考点 选择
1000 0002	K30 点动控 制键	K29 点动控 制键	K28 点动控 制键	K27 点动控 制键	K26 快速 移动	K25 点动控 制键	K24 点动控 制键	K23 点动控 制键
1000 0003	K10 自定义	K9 自定义	K8 自定义	K7 自定义		K39 NC启动	K38 NC停止	K27 NC复位
1000 0004		K12 自定义	K11 自定义	K35 进给倍 率减		K33 进给倍 率100%		K31 进给倍 率增
1000 0005				K36 主轴倍 率减		K34 主轴倍 率100%		K31 主轴倍 率增

图 7.13　系统面板操作按钮对应的 PLC 地址

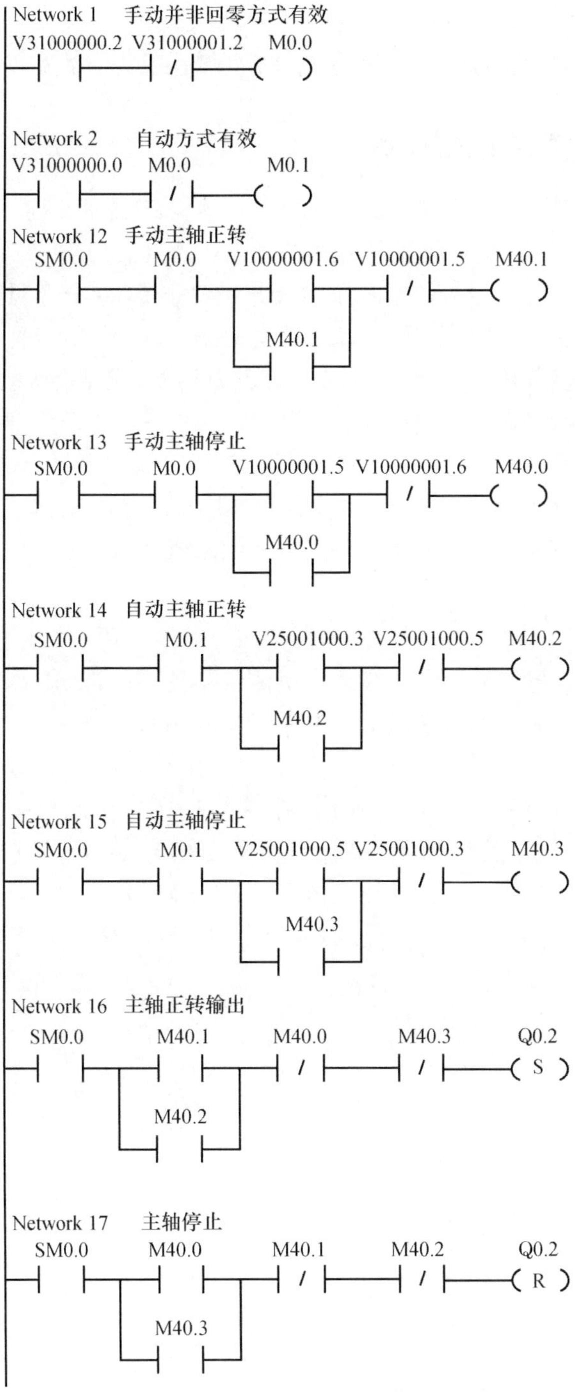

Network 1　手动并非回零方式有效
```
V31000000.2  V31000001.2  M0.0
  ─┤├─────────┤/├─────────( )
```

Network 2　自动方式有效
```
V31000000.0   M0.0      M0.1
  ─┤├─────────┤/├───────( )
```

Network 12　手动主轴正转
```
SM0.0     M0.0    V10000001.6  V10000001.5   M40.1
 ─┤├──────┤├──┬──────┤├────────┤/├──────────( )
              │    M40.1
              └─────┤├─────┘
```

Network 13　手动主轴停止
```
SM0.0     M0.0    V10000001.5  V10000001.6   M40.0
 ─┤├──────┤├──┬──────┤├────────┤/├──────────( )
              │    M40.0
              └─────┤├─────┘
```

Network 14　自动主轴正转
```
SM0.0     M0.1    V25001000.3  V25001000.5   M40.2
 ─┤├──────┤├──┬──────┤├────────┤/├──────────( )
              │    M40.2
              └─────┤├─────┘
```

Network 15　自动主轴停止
```
SM0.0     M0.1    V25001000.5  V25001000.3   M40.3
 ─┤├──────┤├──┬──────┤├────────┤/├──────────( )
              │    M40.3
              └─────┤├─────┘
```

Network 16　主轴正转输出
```
SM0.0     M40.1        M40.0     M40.3     Q0.2
 ─┤├──┬────┤├───────────┤/├──────┤/├──────( S )
      │  M40.2
      └───┤├────┘
```

Network 17　主轴停止
```
SM0.0     M40.0        M40.1     M40.2     Q0.2
 ─┤├──┬────┤├───────────┤/├──────┤/├──────( R )
      │  M40.3
      └───┤├────┘
```

图 7.14　PLC 程序设计

7.2　C5225普通立车改数控滚道磨床实例

7.2.1　滚道磨床数控化改造概述

滚道磨床主要是为回转支承加工服务的。回转支承的滚道直接和滚动体接触,一直承受交变的接触压力,为了提高滚道的耐磨性,延长使用寿命,需要对滚道表面进行淬火热处理。但热处理后,滚道又会产生变形,因此还需对淬火后的滚道进行进一步精加工。目前常用的加工方法有两种:一种是成型磨削工艺;另一种是以车代磨工艺。从使用效果看,这两种工艺各有千秋,成型磨削表面精度较好,但由于滚道淬火变形的影响,部分区域的淬硬层会被磨掉;以车代磨由于加工硬化的作用表面硬度较高,切削加工形成的表面精度较成型磨削要差。相比较,磨削方案被生产厂家采用的更多,针对回转支承滚道加工的特点,一般不会购买通用磨床,比较经济实用的方案是将普通车床改造成数控滚道磨床。

1. 滚道磨床的结构形式要求

数控滚道磨床除了要求有一般数控机床的结构和功能,还需要具有磨床特有的一些功能装置。下面结合滚道成型磨削的工艺方法予以说明。图7.15是滚道成型磨削加工的示意图。加工时,零件安装在工作台上做回转运动,砂轮也做回转运动,为了提高表面精度,一般为同向磨削,磨削时砂轮做水平进给运动。为了磨削出滚道的特殊形状,需要对砂轮进行精确的数控修正。因此滚道磨床的结构主要有以下几个组成部分:床身、回转工作台、磨削主轴、砂轮修正器、数控系统、润滑和冷却系统等;另外软件部分还需要有一个专门的砂轮修正程序,它是磨削表面质量和磨削精度的重要保证。

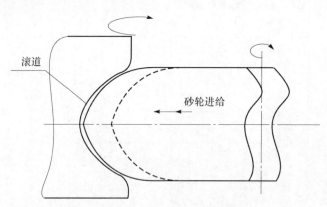

图7.15　滚道成型磨削加工示意图

2. 滚道磨床数控化改造内容

改造主要也是分为机械部分和电气控制部分两方面的内容。

1) 机械部分的改造

滚道磨床的机械部分改造主要是对进给机构、磨削主轴装置、砂轮修正装置等主要部件进行。各机械部件的精度是保证磨削加工精度的重要因素,因此进给运动的传动链改成由伺服电动机直接驱动滚珠丝杠,主运动采用变频驱动的高精度磨削主轴,砂轮的修正采用金刚笔修正装置。

2) 电气控制部分改造

原先的继电器控制电路全部拆除,改成西门子 802Cbaseline 数控系统控制三个坐标轴的进给运动;用变频器控制磨削主轴的主运动;原先回转工作台的传动链仍然保留,增加手动换挡后的确认功能;重新设计机床操作站和电气控制柜,辅助电气元件均改成由数控系统内置的 PLC 控制。

7.2.2　数控化改造总体方案分析

1. 加工需求分析

根据滚道磨削加工的需要,该机床改造后必须具备如下功能:

(1) 磨具旋转运动功能。采用变频电动机直接驱动机械磨削主轴,从而实现磨具的旋转运动。

(2) X、Z 向进给运动功能。采用数控系统、伺服驱动装置、伺服电动机加滚珠丝杠的驱动方式,实现精确的进给运动控制。

(3) 砂轮修正功能。伺服电动机直接驱动金刚笔修正器,配合 X、Z 轴的联动,完成砂轮曲面形状的修正。

(4) 液压润滑和冷却功能。液压主要完成横梁的锁紧、放松;回转工作台变速锁杆的锁紧、放松;磨削主轴的配重平衡等。冷却是为了满足工件和磨具工作时的冷却要求。

2. 被改造机床分析

被改造机床如图 7.16 所示,该立式车床的加工范围、运动结构基本都能满足滚道磨床的要求,外形上面需要将侧刀架拆除,从而扩大回转支承的加工直径,寻找合适位置安装金刚笔砂轮修整器。由于改造的对象是一台使用了不到一年的新机床,因此机床的各项机械性能保持得较好,主要部件均不需要更换,而且磨削的切削力比车削要小,因此机床的刚度和强度均能满足改造后的加工要求。为了适应数字控制的要求,原有的电控系统全部拆除,重新设计安装电气控制柜;加装冷却装置,并重新布置液压回路。

图 7.16　被改造的立式车床

由于在 Z 轴滑台上安装了磨削主轴,故 Z 轴进给系统的受力较大, Z 轴进给系统需要重新考虑,保证在运行过程中不因为部件重量影响机床的几何精度,初步决定采用液压方式平衡主轴的重量,适当增加伺服电动机的扭矩,同时伺服电动机要具备抱闸功能,防止主轴系统断电状态下的自由下落。

7.2.3　机械部分改造设计

机械部分改造动作较大的是 Z 方向,改造后的结构如图 7.17 所示;进给系统改造如图 7.18 所示, X 方向的结构和单纯的数控立车改造一致。主轴采用台湾产的标准磨削主轴,由变频电动机直连驱动,主轴电动机功率为 7.5kW。考虑到磨削加工的精度要求较高,在机械部件的布局安排上,磨削主轴的鞍板采用结构刚性较高的钢板焊接结构。进给部分拆除原来的传动系统,采用交流伺服电动机作为执行装置,为减小传动误差,缩短传动链,两个进给轴的伺服电动机均与滚珠丝杠直联,滚珠丝杠均采用一端固定、一端支承的安装方式。电动机、轴承、滚珠丝杠的选择、校核均按照第 3 章的步骤进行即可。

7.2.4　电气控制系统设计

电气控制部分采用数控系统控制主要的功能和运动,采用 PLC 实现辅助功能的控制。改造设计内容主要包括:①磨削主轴运动改由数控系统、PLC 和变频器

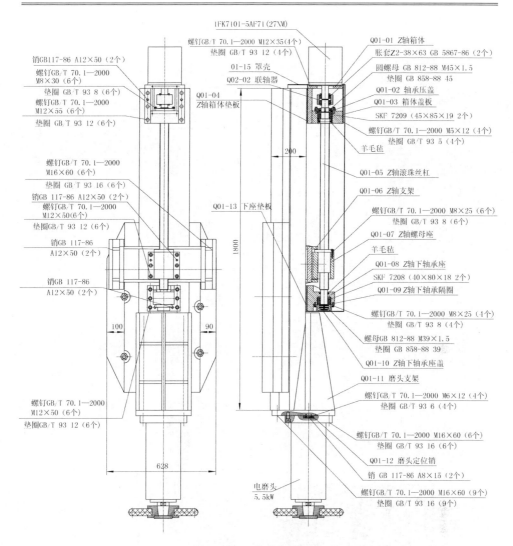

图 7.17　Z 方向改造设计

联合控制；②工作台换挡改由 PLC 控制；③立柱升降运动改由 PLC 控制；④X、Z 轴进给运动改由数控系统和伺服驱动系统控制；⑤液压系统改由 PLC 控制；⑥其他强电电路改由 PLC 进行控制。

　　主要的电气配置采用西门子 802Cbaseline 数控系统、西门子 SIMODRIVE 611U 的伺服驱动器以及西门子 1FK7 的伺服电动机。802Cbaseline 系统可以控制三个进给轴和一个主轴，总体结构如图 7.19 所示。

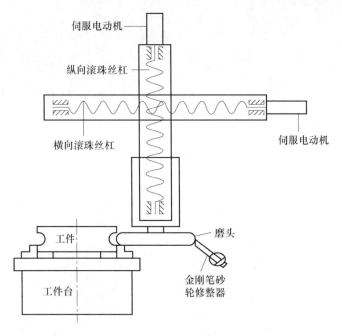

图 7.18　进给系统改造设计

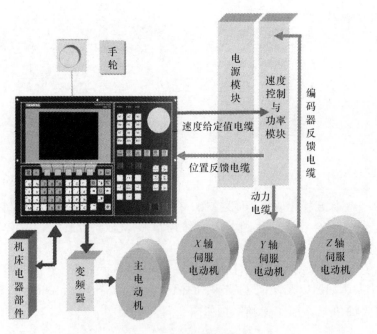

图 7.19　控制系统结构图

低压电气元件主要使用了交流接触器、中间继电器、空气开关辅助完善外围电路,改造设计的电气控制柜如图 7.20 所示。

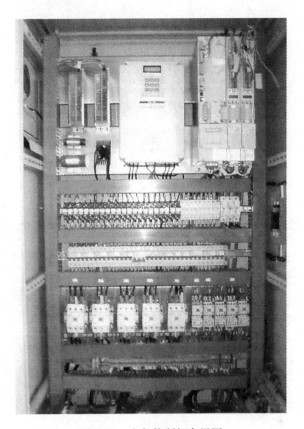

图 7.20　电气控制柜布局图

改造后的控制系统,可接受数控程序 S 指令的控制,能完成手动/自动方式下主轴的正/反转控制,能实现无级变速。回转工作台的控制则完全改变了原来的继电器控制模式,采用 PLC 程序代替了大部分继电器控制电路,实现了工作台启动的 Y-△转换,工作台停止的制动时间可调控制,工作台换挡的半自动控制。

7.2.5　液压系统设计

该机床改造中液压系统主要完成以下几项工作:平衡主轴箱;横梁的松开/锁紧;导轨的润滑等。设计液压系统如图 7.21 所示。图 7.22 是改造完成后的机床。

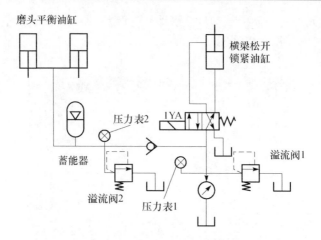

图 7.21　液压系统设计原理图

图 7.22　改造完成后的机床

7.3　重型滚齿机改数控铣齿机实例

7.3.1　滚齿机概述

1. 改造滚齿机的现状

自 19 世纪开始用展成法加工齿轮以来,滚齿机就成为最重要的齿轮加工设备,本节研究的对象是 20 世纪 90 年代武汉重型机床厂生产制造的 4m 重型滚齿机,如图 7.23 所示。该型滚齿机属于立柱移动式,滚刀安装在滚刀主轴上,由主电动机驱动做旋转运动,刀架可沿立柱导轨垂直移动,还可沿水平轴线调整一个角度。工件装在工作台上,由分度蜗轮副带动旋转,与滚刀的运动一起构成展成运动。滚切斜齿时,差动机构使工件做相应的附加转动。立柱可沿床身导轨移动,以适应不同工件直径并做径向进给。另外,还设有单齿分度机构、指形铣刀刀架。该设备使用至今,电气部分严重老化,机械部分传动链精度损失也较大,而且这种传统的滚齿加工效率一直较低,因此厂方提出对其进行数控化改造,最好能将其改成高效的铣齿加工机床。

图 7.23 4m 重型滚齿机床

2. 滚齿机的工作原理

滚齿机属于用展成法加工齿形,利用齿轮齿条啮合原理来加工,每一种齿轮需要一种滚刀。机械传动采用内联结构,主电动机不仅要驱动展成分度传动链,还要驱动差动和进给传动链,如图 7.24 所示。图中,由主电动机经过三组锥齿轮传动,最后到滚刀,构成了主运动传动链。滚刀和工件之间通过展成传动链连接,确保滚刀每转 $1/K$ 转时(K 为滚刀的头数),工件旋转 $1/Z$ 转(Z 为工件的齿数)。另外,通过进给传动链,实现工件每转一圈时,滚刀刀架沿工件轴向移动一个进给量。

以上的运动可以用图 7.25 简单描述,工作台与工件做同轴旋转运动;立柱沿 X 轴做横向直线运动;滚刀刀架沿 Y 轴做垂直直线运动;滚刀做旋转运动。

7.3.2 数控改造方案分析

1. 铣齿加工运动分析

铣齿机属于用成型法加工齿轮,即用形状与齿轮齿槽相同或相近的成型铣刀来加工。采用这种方法的每一把成型铣刀可以铣削一定齿数范围内的齿轮。铣削加工时需要三个相关联的运动:铣刀盘的旋转切削运动;工件的旋转分齿运动;铣

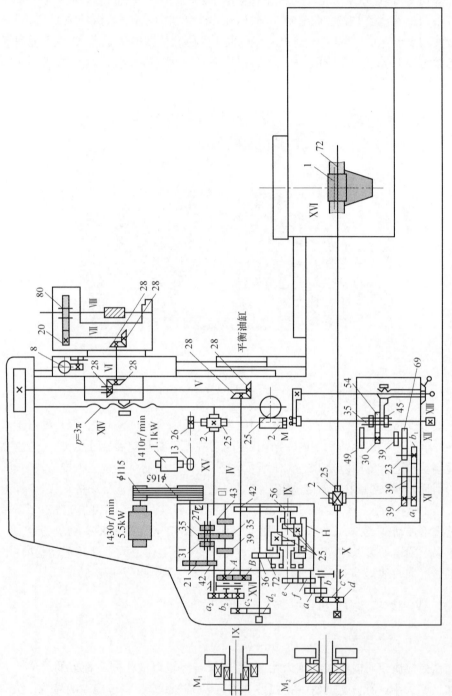

图7.24　4m重型滚齿机传动链示意总图

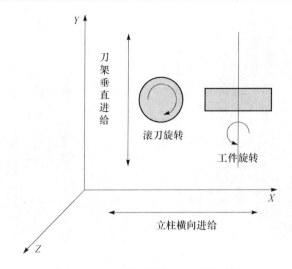

图 7.25　4m 重型滚齿机坐标运动图

刀架的轴向进给运动。与滚齿加工相比，铣齿加工避免了刀具和工件之间的内联展成运动，其他的运动方式基本都类似。因此从运动学的角度看，基于滚齿机的数控铣齿机的改造是可行的。

2. 改造方案分析

基于对原机床资料的分析和机床结构的现场测绘。拟定如下的改造方案：

(1) 拆除原来的滚刀刀架，更换为铣削刀架，自行设计制造了齿轮铣削主轴机构，如图 7.26 所示。

(2) 拆除滚刀和工作台之间的内联传动链，考虑在传动链的末端，即蜗杆输入端安装伺服电动机和减速器直接驱动工作台旋转分度。

(3) 拆除主电动机和进给运动之间的传动链，在 X 和 Y 方向重新设计伺服进给系统，采用伺服电动机、减速器和滚珠丝杠直接驱动两个方向的进给运动。

(4) 为了保证铣齿机强力切削过程的稳定，增加工作台和立柱的液压锁紧机构，初步决定立柱导轨两侧各增加 2 套液压锁紧装置，工作台通过现场安装位置的考察，决定增加 12 套锁紧装置。

(5) 增加 2 套磁性排屑器，并相应调整原来的地基布置。

(6) 为扩大齿圈的加工范围，在原来 3.7m 台面的基础上，增加一套 4.5m 的新台面。

预期通过以上改造，实现大直径齿轮的铣削加工，提高加工过程的自动化程度，并保证铣削过程的稳定性。

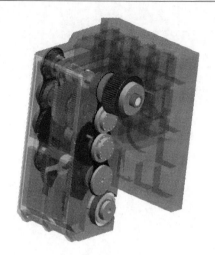

图 7.26　铣削主轴机构

7.3.3　机械改造部分设计

根据第 3 章的计算方法,X 和 Y 方向的伺服电动机选择西门子的 1FT6105,额定扭矩 50N·m,额定转速 2000r/min;工作台电动机选择 1FT6105,额定扭矩 50N·m,额定转速 3000r/min。X、Y 方向的滚珠丝杠选取台湾 HIWIN 品牌,公称直径 120mm,导程 16mm;匹配的减速器选择德国阿尔法行星减速器,速比 1：20,这样进给的直线快移速度大概为 1600mm/min。工作台驱动的减速器速比选择 1：35,考虑到工作台蜗轮蜗杆副的减速比为 1：350,这样工作台的最大转速约为 0.25r/min,理论驱动扭矩达 612500N·m。

两个方向的滚珠丝杠均采用一端固定、一端支承的结构形式,靠近电动机端固定,另一端支承,固定端的轴承组合采用平面推力滚子轴承和角接触球轴承。其中 X 方向为了安装电动机和轴承座,还需要设计一个安装基座,并和床身固定连接。改造机床的装配图如图 7.27 所示,整台机床所有的大部件都予以保留,包括立柱、回转工作台、床身导轨等,而所有的传动链都重新进行了改造设计。

X、Y 方向进给系统的设计基本相同,但 X 方向立柱尺寸较大,而行程又较小,因此在 X 方向进给系统的设计中,为了避免滚珠丝杠不必要的行程浪费,增加了一段光杠,X 方向进给系统的装配图如图 7.28 所示,光杠和丝杠分别如图 7.29 和图 7.30 所示。Y 方向装配图和丝杠分别如图 7.31 和图 7.32 所示。

在原有 ϕ3700mm 转台上增加 ϕ4500mm 台面;新增台面高度约 500mm,与原有 ϕ3700mm 台面止口配合,用原有台面的 T 形螺槽锁紧。台面为上下两层板,内部采用辐射型筋板,增加台面的刚性,剖面结构如图 7.33 所示。

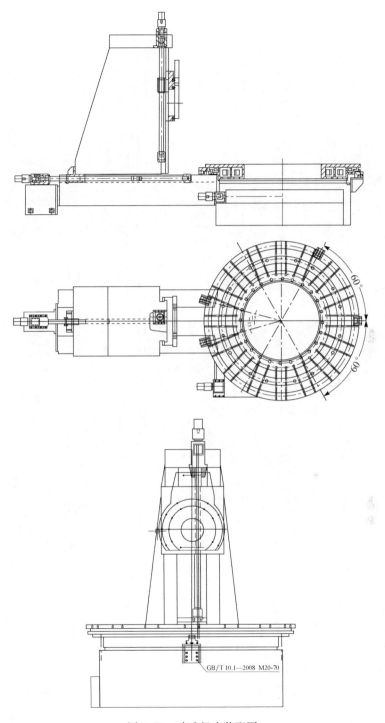

图 7.27　改造机床装配图

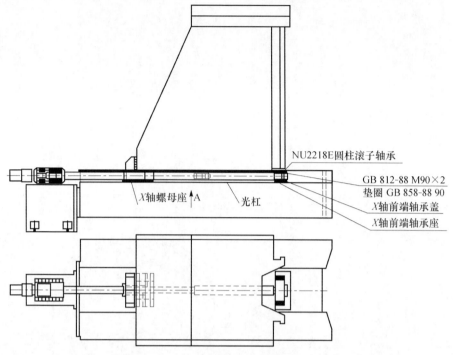

图 7.28　X 方向进给系统装配图

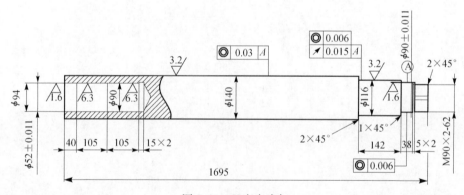

图 7.29　X 方向光杠

考虑到降低转台切削过程中的振动,提高加工表面质量和刀具耐用度,改造设计在机床原有基础上增加液压锁紧结构。具体是在新增台面上增加一圈锁紧片(弹簧钢、淬火),在原有转台周边增加 12 个油缸支承座,利用液压进行锁紧,利用弹簧进行放松。具体动作为:在分度过程中,油缸松开分度;在切削过程中,油缸锁紧;动作切换互锁由电气系统的 PLC 结合相应的传感器实现,油缸的工作压力为 10MPa,单组油缸锁紧力大约为 7.85t;12 组油缸锁紧合力大约为 94.2t;锁紧油缸的剖视结构如图 7.34 所示。

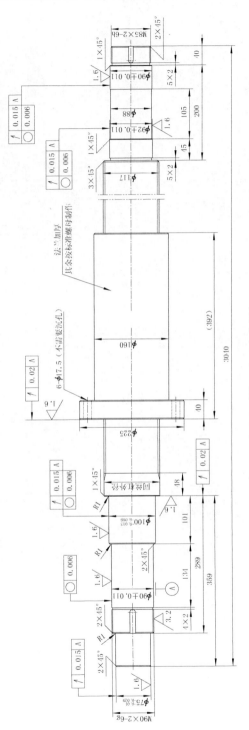

图 7.30　X 方向丝杠

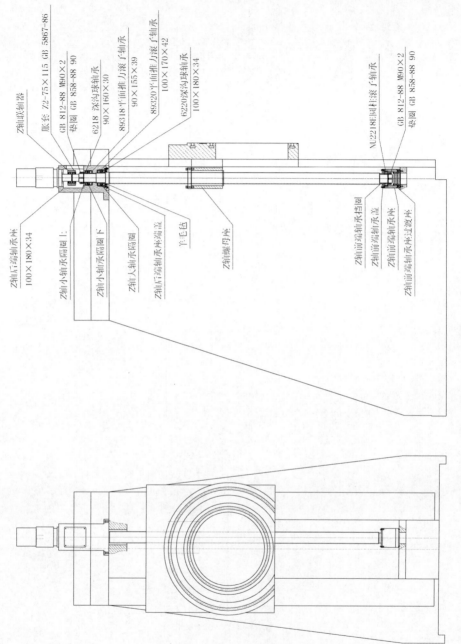

图 7.31 Y 方向进给系统装配图

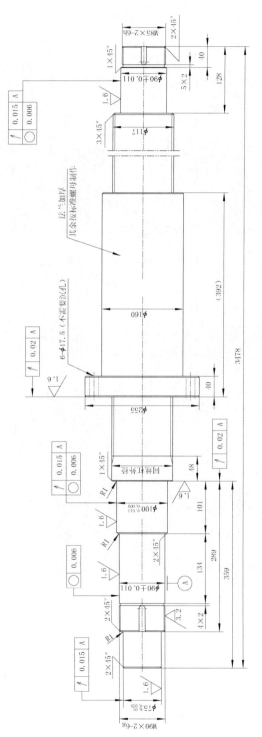

图 7.32　Y 方向丝杠

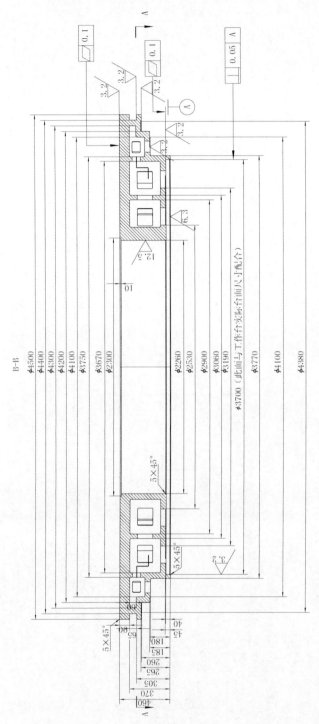

图 7.33　4.5m工作台面剖视图

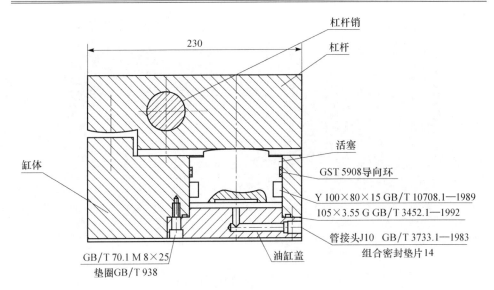

图 7.34　工作台锁紧油缸

7.3.4　电气控制系统设计

在机械结构改造的基础上,针对新的加工功能要求,采用西门子 802D sl 数控系统对铣齿机床进行控制。电气控制系统的主要设计内容包括:①铣削主轴的旋转运动由数控系统、PLC 和变频器联合控制;②X、Y、C 轴进给运动改由数控系统和伺服驱动器控制;③工作台的锁紧松开由 PLC 和液压系统控制;④所有控制电路均由 PLC 进行控制。

西门子 802D sl 的 value 版系统可以控制 4 个轴,包括 3 个进给轴和 1 个主轴,采用高速串行驱动总线 DRIVE CliQ 连接驱动器 SINAMICS S120,采用工业现场总线 PROFIBUS 连接数字输入输出信号。S120 驱动器在结构上将电源模块和电动机模块集成在一起,采用配有中央控制单元的新型系统体系,一个中央控制器对所有连接的轴进行驱动控制,避免了以往通过现场总线进行控制系统与所有驱动装置之间的周期性数据交换。通过 MCPA 板输出模拟控制信号,满足模拟主轴控制的需要,总体电气控制结构如图 7.35 所示。

在本改造中,大多数的电气控制方案与前面的实例相似,这里不再赘述。但有一个典型的 PLC 控制问题与铣削数控加工工艺相关,即数控加工程序中的分度旋转指令需要在液压缸处于松开的状态下才能操作,而铣削加工时有需要将液压缸锁紧,这需要在数控编程中插入对 PLC 状态的判断。

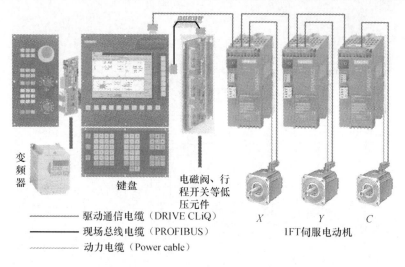

变频器

键盘

电磁阀、行程开关等低压元件

————— 驱动通信电缆（DRIVE CLiQ）

————— 现场总线电缆（PROFIBUS）

————— 动力电缆（Power cable）

X　　　Y　　　C

1FT伺服电动机

图 7.35　电气控制结构示意图

下面详细介绍这一方案的实施。首先给出铣削加工时的数控加工程序如下：

N003　R13=R3+R2+R1　R14=R12-R9-R1　R15=360/R19（齿数）
R16=R4-R12 R17=R11+R7

N004　　R21=R5+R9+R10+R8　　　R18=0　　　R22=R10+R5+R12-R1
R23=R10+R5+R4-R1

N010 G91 M98 M03 S1200;回转台锁紧

N020 G00 Z=-R16 X=-R13;

N030 M96;立柱锁紧

N040 G00 Z=-R14;

N041 IF $ A_DBB[1]==1 GOTOB N041;回转台锁紧有效

N042 IF $ A_DBB[0]==1 GOTOB N011;立柱锁紧有效

N050 G01 Z=-R21 F100;

N051 R18=R18+1

N052 IF R18>=R19 GOTOF N140

N060 M99;回转台松开

N062 IF $ A_DBB[1]==0 GOTOB N062;回转台松开有效

N070 G00 X=-R17;

N080 G00 Z=R21 C=R15;

N081 M98;回转台锁紧

N090 G00 X=R17;

N130 GOTOB N041;加工下一个齿

N140 M97 M99;立柱松开,回转台松开

N141 IF $ A_DBB[0]==0 GOTOB N141;立柱松开有效

N150 G00 X=-R17;

N151 G90 G00 Z=0

N160 G90 G00 X=0

N170 M02

从以上程序中可以看出,铣削加工的运动轨迹比较简单,只是 X、Y 两个方向的直线运动,而且不是联动。但是反复出现的是对立柱和回转台松开锁紧状态的判断,这在一般的数控加工程序中很少碰到,这也是数控改造的一大优点,可以根据特定的加工对象,在改造中实现加工工艺、机械结构和电气控制的集成。为了实现数控加工的连续性和自动化,将对 PLC 状态的判断插入数控加工程序中,这需要结合 NC 变量 $ A_DB*[n] 的使用。

NC 系统变量中有四种用于读写 PLC 变量,分别是 $ A_DBB、$ A_DBW、$ A_DBD、$ A_DBR,分别用于操作 8 位字节、16 位字、32 位双字和 32 位实数。802D sl 提供了一个 512 字节的公共存储器用于 NC 和 PLC 交换数据。PLC 定义了接口地址对应于这个公共存储器:V49000000.0~V49000511.7,如图 7.36 所示。

PLC变量的读写

4900 PLC 变量			来自NCK信号 LnterfaceNCK←→PLC(Read/Write)						
Byte									
49000000	偏置值[0]								
49000001	偏置值[1]								
49000002	偏置值[2]								
...	...								
49000511	偏置值[511]								

图 7.36　PLC 定义的公共存储器接口地址

为了使上述的公共存储器数据有效,必须要在 PLC 里面对该地址空间进行写操作,而该地址空间的状态主要是由外部开关信号控制的 PLC 输入点和内部辅助触电状态确定,和这些输入点相关的外部电路如图 7.37 所示,另外还要和辅助功能指令 M 代码结合使用(M 代码的编程如第一个实例所述),相应的 PLC 程序如图 7.38 所示。整个功能的实现过程是:数控加工程序中的 M 指令经过数控系统译码后,将特征值存放在 CNC 与 PLC 进行数据交换的存储区内(如图 7.36 所示),供 PLC 进行写操作,从而使电磁阀进行相关动作,液压缸动作完成后触发相应的状态信号开关,从而使 PLC 的输入点状态改变,进而使公共存储器的状态变化,这样 NC 程序根据公共存储器的状态来控制数控加工程序的运行。

24VDC输出		转台锁紧信号	主轴箱消隙检测信号	回油滤油器堵塞				立柱锁紧信号
0V	24V	14.0	14.1	14.2	14.3	14.4	14.5	14.6	14.7
		11	12	13	14	15	16	17	18
		140	141	142	143	144	145	146	147
		LS_9	LS_10	LS_11	LS_12	LS_13	LS_14	LS_15	LS_16

N24

B24VDC 　　　　　紫色　黑色　灰白色　棕色　黄绿色

(a)

系统压力	立柱锁紧/松开	回转台锁紧/松开	备用	EP_LM3	T_OFF1	T-OFF3	主轴点动
Q1.0	Q1.1	Q1.2	Q1.3	Q1.4	Q1.5	Q1.6	Q1.7
39	40	41	42	43	44	45	46
120	121	122	123	124	125	126	127
KA7	KA8	KA9	KA10	KA17	KA18	KA19	KA11

N24V

(b)

24VDC输出		急停	伺服	液压	变频器	回转台锁紧/松开	换刀许可	拖板夹紧/松开	回转台启动
0V	24V	16.0	16.1	16.2	16.3	16.4	16.5	16.6	16.7
		3	4	5	6	7	8	9	10
		160	161	162	163	164	165	166	167
		EMG	PB_1	PB_2	PB_3	PB_4	PB_5	PB_6	PB_7

N24

(c)

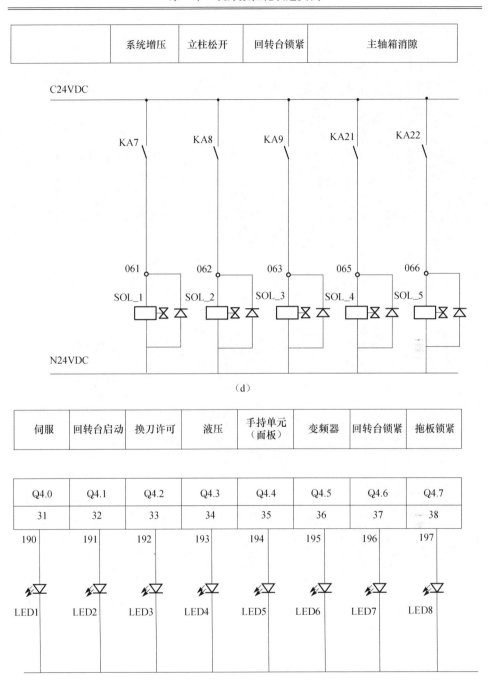

		系统增压	立柱松开	回转台锁紧	主轴箱消隙

伺服	回转台启动	换刀许可	液压	手持单元 （面板）	变频器	回转台锁紧	拖板锁紧
Q4.0	Q4.1	Q4.2	Q4.3	Q4.4	Q4.5	Q4.6	Q4.7
31	32	33	34	35	36	37	38

图 7.37　外部电路图

Network1　　　手动并非回零方式有效

```
 V31000000.2  V31000001.2        M0.0
 ──┤ ├──────────┤ / ├──────────────( )
```

Network2　　　自动方式有效

```
 V31000000.0      M0.0             M0.1
 ──┤ ├──────────┤ ├───┤ / ├──────────( )
```

Network39　　　手动立柱松开/锁紧

```
   M0.0      M16.0        16.4                    M16.7
 ──┤ ├──┬──┤ / ├──────┤ ├────┤ P ├──────────( S )
        │
        │   M16.0        16.4                    M16.7
        ├──┤ ├──────────┤ ├────┤ N ├──────────( R )
        │
        │    16.4       M16.7         M16.0
        └──┤ / ├────────┤ ├──────────( )
```

Network40　　　手动回转台松开/锁紧

```
   M0.0      M17.0        16.6                    M17.7
 ──┤ ├──┬──┤ / ├──────┤ ├────┤ P ├──────────( S )
        │
        │   M17.0        16.6                    M17.7
        ├──┤ ├──────────┤ ├────┤ N ├──────────( R )
        │
        │    16.6       M17.7         M17.0
        └──┤ / ├────────┤ ├──────────( )
```

Network41　　　自动立柱松开/锁紧

```
   M0.1   V25001012.0  V25001012.1       M16.1
 ──┤ ├──┬──┤ ├──────────┤ / ├──────────( )
        │
        │   M16.1
        └──┤ ├──┘
```

Network42　　　自动回转台松开/锁紧

```
   M0.1   V25001012.2  V25001012.3       M17.1
 ──┤ ├──┬──┤ ├──────────┤ / ├──────────( )
        │
        │   M17.1
        └──┤ ├──┘
```

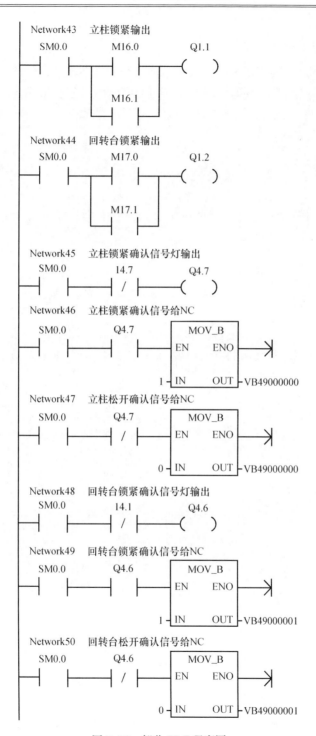

图 7.38　部分 PLC 程序图

7.3.5 液压系统设计

作为重型机床,液压系统的作用是非常重要的。在本项目中,液压系统主要完成以下几项工作:切削状态时,锁紧立柱和回转工作台;回转工作台的浮起卸荷;主轴箱的齿轮消隙。根据功能要求,初步设计液压系统原理图如图 7.39 所示。下面详细说明该系统的几个特点:

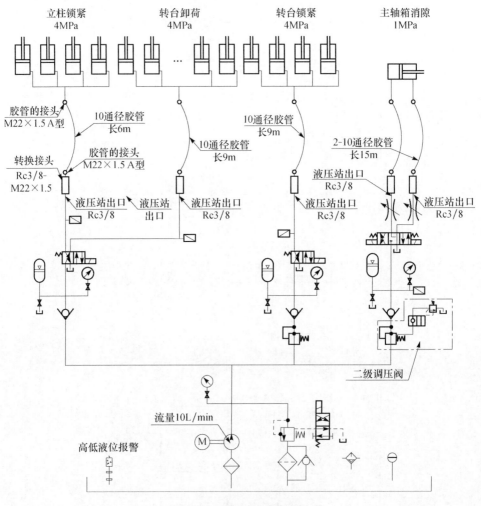

图 7.39 改造液压原理图

(1)该系统的油液循环采用开式系统。开式系统是指液压泵从油箱吸油,油经过各种控制阀后,驱动液压执行元件,回油时再经过换向阀回油箱。这种系统结构较为简单,可以发挥油箱的散热、沉淀杂质作用。但因油液常与空气接触,使空气易于渗入系统,导致机构运动不平稳等后果。开式系统油箱大,液压泵自吸性能好,在本机床中,并不要求液压系统进行精确地控制,所以该液压系统选择开式系统。

(2) 该系统采用单泵设计,选择的是定量齿轮泵,实现系统压力 6MPa,系统流量 10L/min,油箱容量 200L,该类型的泵适用于中低压的场合。当然,变量泵在调节范围内可以充分利用发动机的功率,但其结构和制造工艺复杂、成本高,故这里没有选择变量泵。本系统电动机的功率选择为 4kW。

(3) 供油方式采用并联系统。在并联系统中,当液压泵向一组执行元件供油时,进入各执行元件的流量只是液压泵输出流量的一部分。流量的分配随各部件上外载的不同而变化,首先进入外载荷较小的执行元件。

参 考 文 献

丁文政. 2007. 再制造机床几何精度设计研究[D]. 南京:南京工业大学.

丁文政,黄筱调. 2007. 再制造机床可修复零部件精度分配研究[J]. 机械科学与技术,26(11):
　　1466—1470.

丁文政,黄筱调,汪木兰. 2011. 面向大型机床再制造的进给系统动态特性研究[J]. 机械工程学
　　报,47(3):135—140.

黄筱调,赵松年. 2003. 机电一体化技术基础及应用[M]. 北京:机械工业出版社.

黄筱调,孙庆鸿,方成刚. 2006. 数控强力切削中伺服系统对极限切削宽度的影响[J]. 机械科学
　　与技术,25(3):308—312.

黄筱调,洪荣晶,方成刚,等. 2009. 用于回转支承滚道切削加工的成型方法:中国,
　　ZL200910028146.6[P].

黄筱调,洪荣晶,于春建,等. 2009. 双刀盘铣齿加工装置及其加工方法:中国,ZL200910232627.9[P].

黄筱调,汪世益,孙宝寿,等. 2002. 数控强力车削切削用量优化的图形分析法[J]. 机械科学与技
　　术,21(5):751—753.

凌树森. 1988. 可靠性在机械强度设计和寿命评估中的应用[M]. 北京:宇航出版社.

浦秋林. 2011. 再制造机床进给系统动态特性研究[D]. 南京:南京工业大学.

浦秋林,黄筱调,洪荣晶. 2010. 数控化再制造机床导轨结合面刚度分析[J]. 组合机床与自动化
　　加工技术,(10):16—19.

施丽婷. 2007. 基于模糊理论的数控进给系统仿真研究[D]. 南京:南京工业大学.

施丽婷,黄筱调. 2006. 数控交流伺服系统三环整定及应用[J]. 南京工业大学学报,28(4):
　　36—40.

施丽婷,黄筱调,洪荣晶. 2007. 基于模糊理论的数控伺服系统仿真研究[J]. 微计算机信息,
　　23(3):231—233.

汪世益,黄筱调. 2008. 数控立车非线性几何误差对回转支承滚道加工精度的影响[J]. 中国机械
　　工程,(2):174—178.

汪世益,黄筱调,顾伯勤,等. 2009. 风电回转支承滚道切入磨削的砂轮修形[J]. 中国机械工程,
　　20(2):275—279.

王大双. 2007. 再制造机床机械系统可靠性分析[D]. 南京:南京工业大学.

王大双,黄筱调. 2007. 车床数字化再制造机械系统模糊可靠性分析[J]. 机床与液压,35(4):
　　223,224.

王大双,黄筱调. 2007. 机床数字化再制造中滑动导轨的耐磨性模糊可靠性分析[J]. 机床与液
　　压,35(6):231,232.

张立勋,黄筱调. 2007. 机电一体化系统设计[M]. 北京:高等教育出版社.

张林娜. 1997. 精度设计与质量控制基础[M]. 北京:中国计量出版社.

邹辉. 2009. 数控铣齿机可靠性评价与故障分析研究[D]. 南京:南京工业大学.

邹辉,黄筱调,洪荣晶,等. 2010. 基于两重威布尔分布的大型数控铣齿机可靠性评价[J]. 机械设计与制造,(2):198—200.

邹辉,黄筱调,洪荣晶,等. 2010. 基于可靠性的大型数控铣齿机故障综合分析[J]. 机械设计与制造,(3):171—172.

Ding W Z,Huang X D. 2010. Study on dynamics of large machine tool feed system based on distributed-lumped parameter model[C] // International Conference on Electrical and Control Engineering,Wuhan.

Huang X D,Shi L T. 2006. Simulation on a fuzzy-PID position controller on the CNC servo system[C] // Chen Y H,Abrahan A. The Sixth International Conference on Intelligent Systems Design and Applications.

Huang X D,Ding W Z,Hong R J. 2006. Research on accuracy design for remanufactured machine tools[C] // Chinese Mechanical Engineering Society. International on Technology and Innovatyion. London:Institution of Engineering and Technology Press.

Huang X D,Sun Q H,Fang C G. 2005. Effects of servo system on limited cutting width in CNC heavy cutting[J]. Journal of Southeast University(English Edition),21(2):159—164.

Pu Q L,Huang X D,Ding W Z. 2011. Analysis of dynamic characteristic of numerical remanufacture machine's feeding system[J]. Advanced Materials Research,156:1112—1117.

Sun B S,Huang X D,Fang C G. 2006. Study on heavy cutting chatter prediction and suppression of digital remanufacturing machine tools [J]. Transactions of Nanjing University of Aeronautics & Astronautics,23(2):108—114.

Yu C J,Huang X D,Fang C G. 2010. Research on damping and vibration characteristic of the large and precision NC rotary table[J]. Advanced Materials Research,97(101):1216—1222.